設計技術者が知っておくべき
有限要素法の基本スキル

青木 隆平・長嶋 利夫 共著

本書を発行するにあたって，内容に誤りのないようできる限りの注意を払いましたが，本書の内容を適用した結果生じたこと，また，適用できなかった結果について，著者，出版社とも一切の責任を負いませんのでご了承ください．

本書は，「著作権法」によって，著作権等の権利が保護されている著作物です．本書の複製権・翻訳権・上映権・譲渡権・公衆送信権（送信可能化権を含む）は著作権者が保有しています．本書の全部または一部につき，無断で転載，複写複製，電子的装置への入力等をされると，著作権等の権利侵害となる場合があります．また，代行業者等の第三者によるスキャンやデジタル化は，たとえ個人や家庭内での利用であっても著作権法上認められておりませんので，ご注意ください．

本書の無断複写は，著作権法上の制限事項を除き，禁じられています．本書の複写複製を希望される場合は，そのつど事前に下記へ連絡して許諾を得てください．

(社)出版者著作権管理機構
(電話 03-3513-6969，FAX 03-3513-6979，e-mail：info@jcopy.or.jp)

JCOPY ＜(社)出版者著作権管理機構 委託出版物＞

まえがき

　機械工学や土木・建築工学をはじめとする工学分野では，構造物の挙動を解析的に予測するために，有限要素法はいまや汎用的なツールとしての地位を確固たるものにしています．これはひとえに，多くの先達によって理論としての有限要素法が確立されたこと，またそれをもとにして実際に使えるソフトウェアが使い勝手のよいツールとして実用化されてきたことによるでしょう．いわば理論と実践の両輪を形づくってきた多大な努力の賜物です．今日でも，理論的な開発・改良が続き，特に破壊挙動の予測やメッシュフリー法と呼ばれる新しい手法の分野では，多くの新しい成果が生まれています．

　いまでは研究者や開発・設計技術者が，こうした有限要素法の普及の恩恵を受けて，きわめて手軽に汎用ソフトウェアを使うことができる環境ができ上がりつつあります．それに伴って有限要素法は，これを利用する多くの人にとって，入力を与えればそれに対応する出力が得られる便利なツールになりました．しかし同時に，利用しているソフトウェアがよって立つ理論的な背景や対象のモデル化，計算の細かな手順などを意識することが減り，ツールとしてはブラックボックス化が著しい状況です．

　本書は，固体力学の研究者として，特に航空宇宙構造の分野で有限要素法をほぼ一貫してツールとして利用してきた著者の1人（青木）と，大学で同じ時期に研究室でともに学び，いまは有限要素法の理論的開発と実用化の研究に携わるもう1人の著者（長嶋）が，意気投合して構想されたものです．いわば開発者と利用者という異なる立場で活動してきている2人の著者が協力して，有限要素法を使う技術者にとって知っておくべき基礎的事項から，間違えやすいミス，おちいりやすい死角など，有限要素法をツールとして使う際に心得ておくべき諸項目を，理論的かつ実践的に解説することを目指しています．「行き違い」や「思い違い」に結びつく場面は，有限要素法を使うさまざまな状況で遭遇する可能性があります．これらをできるだけ網羅するよう，プログラムの開発，利用の双方の立場から，各場面を想定してアプローチしています．さらに，実際の作業で出会う疑問や，入力データを作成する際に生まれる迷い，出力結果に納得できない場合の解決策の模索など，有限要素法を使っている現場

の技術者が直面するであろう多くの課題についても取り上げ，入力から出力までの各場面に沿って順に，項目立てして解説したものになっています．

　想定される本書の読者は，構造設計技術者あるいは大学などで学ぶ学生として普段，有限要素法をツールとして利用しながらも，有限要素法の基礎を学んだことがない方，その背景にある固体力学，材料力学，構造力学などの知識にほとんど触れていない方，などです．さらに，有限要素法を使い始めたものの，予想とは違う結果が出てきて行き詰まっている人や，利用経験がありながらも新しい対象，例えば複合材料の構造解析をしようとしている人などにも，必ずや助けになる本に仕上がっていると確信しています．

　本書は項目別の解説を基本としているので，手引書としての機能も持っています．皆さんが有限要素法を使っている実際の場面で，解決すべき問題や疑問に直面したとき，問題や疑問の原因となる段階がある程度特定できる場合は，関連項目をつまみ読みすることもできます．

　著者の意図したように，みなさんが直面した各場面で，本書が少しでもお役に立つことを切に願っています．

　最後になりましたが，この本の出版にあたって，初期の企画から原稿の校閲まで辛抱強くお付き合いくださった，株式会社オーム社の関係各位，ならびに精力的に組版，編集作業をしてくださった株式会社 Green Cherry の山本宗宏氏に深く感謝いたします．

2018 年 10 月

青　木　隆　平
長　嶋　利　夫

目　次

まえがき iii

第 1 章　有限要素法で何ができるか？　　　　　　　　1
1.1　長所と短所 3
1.2　間違えやすいこと，注意すべきこと 8
1.3　基礎事項 14
1.4　有限要素法の基本原理 19
　　コラム：天井からつるした丸棒の関数の厳密解 33

第 2 章　形状の定義を確認しよう　　　　　　　　　37
2.1　次元の低減（三次元から二次元へ，軸対称性）............. 39
2.2　境界条件の定義 44
2.3　対称性の導入 46
2.4　CAD データの利用 49

第 3 章　材料の物性値を正しく入力しよう　　　　　53
3.1　独立な弾性定数の数 55
　　コラム：はり理論 57
3.2　等方性と異方性 59
3.3　線形と非線形 62
　　コラム：ヘルツの接触理論 67
3.4　積層構造のモデル化 68

v

第4章 境界条件を確認しよう　75
- 4.1 少なすぎる拘束，多すぎる拘束 ………………………………… 77
- 4.2 軸対称問題における拘束と荷重負荷 …………………………… 80
- 4.3 なめらかな境界と高次要素 ……………………………………… 83
- コラム：円弧はりのモデル化 …………………………………………… 84
- 4.4 単点拘束条件，多点拘束条件 …………………………………… 85
- 4.5 対称条件 …………………………………………………………… 87
- 4.6 周期対称条件 ……………………………………………………… 89

第5章 荷重の与え方を見直そう　93
- 5.1 分布荷重と集中荷重 ……………………………………………… 95
- 5.2 表面力と物体力 …………………………………………………… 101
- 5.3 オフセット荷重，オフセット要素 ……………………………… 103
- 5.4 熱荷重 ……………………………………………………………… 106
- 5.5 従動力 ……………………………………………………………… 109

第6章 数値計算法を理解しよう　111
- 6.1 補　間 ……………………………………………………………… 113
- 6.2 数値積分法 ………………………………………………………… 119
- 6.3 連立一次方程式の解法 …………………………………………… 128
- 6.4 固有値解析法 ……………………………………………………… 133
- 6.5 非線形方程式の解法 ……………………………………………… 136

第7章 要素の種類を知っておこう　139
- 7.1 連続体要素と構造要素 …………………………………………… 141
- 7.2 要素の次数 ………………………………………………………… 144
- 7.3 定ひずみ要素 ……………………………………………………… 147
- 7.4 アイソパラメトリック要素 ……………………………………… 153
- 7.5 はり要素 …………………………………………………………… 161
- 7.6 シェル要素 ………………………………………………………… 169
- 7.7 低減積分要素，非適合要素，ロッキング ……………………… 172

第8章　解析方法を選択しよう　　175
- 8.1　静的解析と動的解析 177
- 8.2　線形解析と非線形解析 180
- 8.3　振動固有値問題 186
- 8.4　モード法による過渡応答解析 188
- 8.5　動的陽解法 190
- 8.6　座屈解析 193

第9章　有限要素法解析の出力の評価を正しく行おう　　199
- 9.1　出力結果の何をみるか 201
- 9.2　応力の種類 204
- 9.3　応力かひずみか 209
- 9.4　拘束点の反力からみる荷重条件 212
- 9.5　破壊力学的な評価 215
- コラム：き裂のモデル化 223

第10章　ツールの便利な機能を使いこなそう　　227
- 10.1　メッシュ生成 229
- 10.2　節点自由度数の低減手法 234
- 10.3　領域積分法によるエネルギー解放率の計算 236
- 10.4　並列計算 239
- 10.5　XFEM 242
- コラム：ダミー節点の利用と仮想き裂閉口法への適用 246

索　引 251

MEMO

第 1 章 有限要素法で何ができるか？

- **1.1** 長所と短所
- **1.2** 間違えやすいこと，注意すべきこと
- **1.3** 基礎事項
- **1.4** 有限要素法の基本原理

第 1 章 有限要素法で何ができるか？

ある日の会話

設計解析に広く使われている有限要素法は，
使い始めるのは簡単だけど，使いこなすのは難しい，
……といわれているね．

うんっ！ 解析ソフトウェアはどんどん使い勝手がよく
なっているからね．
一方で，基礎を知らずに使っていると，伸び悩んでしま
う人も多いようだよ．

何事も基本が大切！ってことだね．
でも，有限要素法の基礎って……？

第一には，有限要素法で評価項目となる「応力」「ひずみ」
「変位」といった物理量を理解していることかな．
次に，それらを定義している単位系や座標系，さらには，
それらを求めるための基礎方程式だな．

確かに，ソフトウェアを使うときには形状や数字を入力
するだけなので，基礎方程式を解いているという感覚が
なくなるからなぁ～．

それでは，まずここでは，
有限要素法の概要と基本を学ぶことにしよう！

1.1 長所と短所

> **Point!**
> - 有限要素法は，複雑な形状のものでも解析できます．
> - 有限要素法は，数値シミュレーションの強力なツールになります．
> - 与える情報（入力）を間違えると，答えも間違って出てきます．
> - 見たい答え（出力）を正しく認識し，指定しましょう．

1.1.1 何ができるか

　有限要素法（Finite Element Method：FEM）は，正しく使えば非常に強力で，便利なツールです．話を単純化していえば，複雑な形状の構造物でも，荷重や変位などの入力条件を与えれば，各部の変位や応力，ひずみを簡単に出力として返してくれます．

　この複雑な形状でも扱えるという点は，実は非常に大事です．数値解析法を少し学んだことがある人は理解できると思いますが，形状が単純なら数値解析も行いやすいことが多い一方で，複雑な形状では一気に扱いが面倒になります．

1.1.2 長　所

　なんといっても，複雑な形状のものに複雑な荷重条件を与えて，どんな変形，応力，そしてひずみが生じているかを解析できるわけですから，これは便利です．対象がどんな形のものであっても，モデル化して，使っている材料の物性を決め，あとは荷重条件を与えれば，計算結果を得られる点が最大の長所です．おそらく，皆さんの中でもすでに有限要素法を使っている方は，初めて「きれいな図」で変位や応力の結果が得られたとき，おおいに感動したはずです．特に最近の商用プログラムでは，結果のグラフィックス表示がとても進んでいて，リアリティーに富んだ結果が得られますから，この感動もひとしおだったでしょう．

また，有限要素法を使えば，構造物の形状を問わず，現実には与えることが不可能な条件での構造物の応答でさえ，あたかも実際にその条件下で実物を観察したり計測したりして得たかのようなリアリティーの高いシミュレーション結果を手にすることができます．このように解析で実物の挙動を模擬することを，**数値シミュレーション**（numerical simulation）と呼びます．つまり，昔なら実際に実験で確かめるしかなかった問題に対して，有限要素法を使えば，コンピュータの計算結果としての答えが得られるのです．例えば，大きな橋や高層ビルのような構造物が強い風や巨大地震に対してどこまで耐えうるか，ということを知りたくても，実際につくってみて，風や地震を起こして壊れるかを実験で確かめることは，まずできません．しかし有限要素法を使えば，こういったこともシミュレーション結果として確かめることができます（これを，実際の実験に対して**数値実験**と呼ぶこともあります）．

　つまり，有限要素法は，現在の研究や開発の現場でとても頼りになる方法なのです．

1.1.3 ● 短　所

　しかし，シミュレーション結果が上に述べた「きれいな図」であることが，ときにはくせものです．リアリティーがあるからといって，実際の構造物で起きることをきちんと模擬した結果が出ているとは限りません．

　結果がきれいに図示されていると，それが正しいという思い込みを生みやすく，そこに落とし穴が潜んでいます．

　しっかりした設計者，技術者であれば，まずは結果を疑うところから始めましょう．しかしこれは，決してプログラムを信用するな，といっているわけではありません．プログラムは与えられた条件の下で，決められた手順にしたがって計算を実行して，結果を出しているに過ぎません．人間のように意思をもって入力の良し悪しを判別したり，結果の是非の判断を下しているわけではなく，同じ入力には，忠実に同じ結果を出してきます．

　有限要素法のシミュレーション結果は，あくまで入力や条件に忠実なしもべです．正しい情報を与えているか，出てきた情報を正しい形にして見ているか，という判断は，プログラムを使う指令官であるあなたが責任をもって行わねばならず，そのためにも有限要素法を使った解析全体の流れを正しく把握する必要があります．

1.1.4 注意すべき点の例〜入力と出力

　残念ながら，有限要素法のシミュレーション結果と，実際の構造物で起こることがまったく違うということが多々起こっているのが事実です．その多くは使う人の意図する入力，つまり与えるべき情報が，正しくプログラムの行う計算に反映されていないことに起因します．**図 1.1** では，鉄筋コンクリートの家の解析をしたいのに，材料定数として間違って木材のそれを入れると，答えは木造住宅の挙動として出てくる，という例を示しています．

　また，計算結果を正しく理解してみていないことでも，問題が起こりえます．例えば応力にはいろいろな種類がありますが，最大主応力をみるべきところで，ミーゼス応力をみてしまえば，これは大きなミスにつながりかねません．

　さらに，ユーザーの理解不足に起因する問題も多々起こっています．簡単な例としては，応力やひずみをみる場合です．**図 1.2**(a) のような孔があいた板に，引張り力が作用する場合の応力をみてみましょう．図 1.2(b) に 2 つの応力

図 1.1　入力データを間違えると…

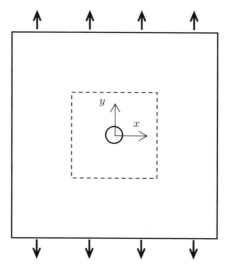

(a) 引張り荷重の負荷（大きさ 1 の単位応力をかけた場合）

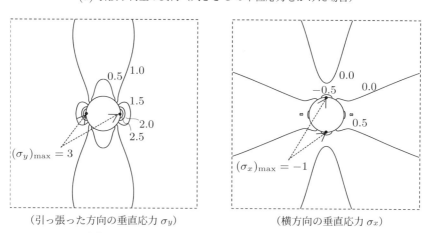

(引っ張った方向の垂直応力 σ_y)　　　　（横方向の垂直応力 σ_x）

(b) 応力のコンター図（等高線図，(a) 図の破線部分を拡大表示）

図 1.2 孔のあいた無限に広がる板（無限板）にはたらく垂直（引張り）応力のシミュレーション結果

のコンター図（応力の等高線）がありますが，2 つの図の違いは何でしょうか．

実は左側の図は引っ張っている方向の垂直応力のコンター図で，右側はそれに垂直な横方向の垂直応力です．孔まわりで応力が大きくなる，いわゆる**応力集中**をみたい場合には，通常は特に孔の両脇の部分に注目して，まずその部分での引っ張った方向の応力を調べます．つまり，応力集中と呼ばれる，特に応力が大きくなる部分をみることが重要です．

無限板にあいた孔の場合は，この孔のすぐ脇での垂直応力は，遠くで引っ張っている応力の 3 倍になります．すなわち応力集中係数が 3 という場合です．これをみることができるのが図 1.2(b) の左側の図であり，一方，右側の図では，違う方向の応力をみているために，それが確認できません．つまり，ユーザーはみたい出力をきちんと指定してみなければいけません．

最近の商用ソフトウェアによっては，どの応力をみたいかを指定しないと，デフォルト（既定のもの）として，もっと違う応力，例えばミーゼス応力が出力されるものまでありますので，余計に混乱してしまうことになります．

このように，あまりにリアルで便利すぎることがあだとなって，ユーザーの力不足で，せっかく便利な有限要素法というツールを使っているのに，それが活かされないということになりかねません．これが有限要素法の短所にもなっているといえます．

1.2 間違えやすいこと，注意すべきこと

Point!
- 有限要素法で求まる解は近似解です．
- 解の精度は，使う要素の種類や要素分割に依存します．
- 境界条件の与え方には注意が必要です．
- 使うべき理論が違えば，違う結果が得られます．
- 計算をできるだけ効率的に行う工夫が必要です．

1.2.1 有限要素法で得られるのはあくまで近似解

有限要素法で計算すれば必ず正解，つまり実際の挙動を再現できると考えるのは大きな間違いです．仮に対象とするものが理想的あるいは完ぺきなものであっても，それをモデル化して解析する場合，有限要素法では近似解しか求まりません．例えばコンピュータシミュレーションによって解析対象の変位の分布を求めたい場合，まず対象を要素に分割します．このとき，それぞれの要素の中で，変位の分布の形を「近似関数で表現すること」しかできないため，それをつないだ全体の変位の分布も，当然ながら近似された分布になります．これを正しい解にできるだけ近づける工夫が有限要素法の理論的な背景になってはいますが，それでも一般に正解そのものが得られるわけではありません．

もう少し詳しくいうと，実際のものでは変位，ひずみ，応力はき裂や接触面などがなければ連続ですが，変位法（最初に変位を求めて，その後，変形，部材力と順に求めていく構造解析の手法）に基づく有限要素法の近似解では，要素間での変位の連続性は保証されますが，その微分であるひずみ，およびそれから導かれる応力は一般に不連続となります．

1.2.2 ◆ 解の精度は要素の種類や分割のしかたに左右される

「解析対象を要素に分割する」ということをもう少し掘り下げてみましょう．例えば**図1.3**(a)のような一端が固定されている切り欠きのあるはりに，先端近くに集中荷重をかける場合を考えてみましょう．

このはりを要素に分割する場合，図1.3(b)のように荷重点近傍，切り欠き近傍を含めて均等に要素に分割するのでよいでしょうか．もしこの問題を扱うユーザーに多少の機械工学的な知識があれば，切り欠きの近くと荷重点の近くで，応力が大きくなることを知っているはずです．さらにもう少し経験があるユーザーなら，このはりが破壊するのは切り欠き近傍であることも知っている

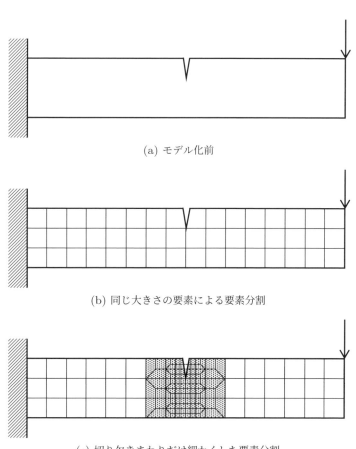

(a) モデル化前

(b) 同じ大きさの要素による要素分割

(c) 切り欠きまわりだけ細かくした要素分割

図1.3 切り欠きのある片持ちはり

でしょう．

したがって，壊れるであろう切り欠きの近傍だけは要素分割を細かくすることで，より正確に，かつ効率的に応力が高くなる切り欠き近くの分割ができるのです（図 1.3(c)）．このように，多少の前提となる工学的な知識をユーザーがあらかじめ身に付けておくことが，解の精度の向上に大いに役立ちます．

1.2.3 境界条件の与え方が結果に影響する

次に図 1.4(a) のような材料力学に出てくる例題を考えてみましょう．これは両端が単純支持されたはりの中央に集中荷重を加える問題です．ここでは，簡単にするため，はりの断面は一定で，矩形であるとします．

これをはり要素を使ってモデル化する場合，両端で図の縦方向（z 方向）の変位のみを拘束することになり，図 1.4(b) の曲げモーメント分布に対応して，曲げ応力が発生するはずです[注1]．

今度はこの問題を，はりを四角形要素で細かくモデル化して，幅方向（y 方向）

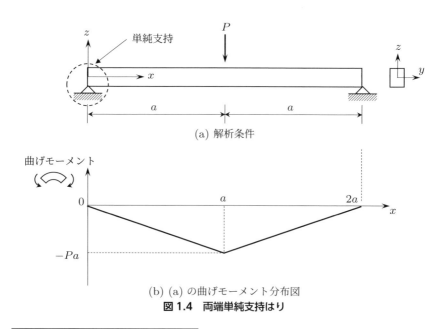

(a) 解析条件

(b) (a) の曲げモーメント分布図

図 1.4　両端単純支持はり

注1　もちろん，厳密にはせん断応力も発生しますが，ここではこれは省略します．なお，材料力学では，単純支持している両端の点は，いずれもはりの長手方向（x 方向）の変位を拘束していても，あるいは一方だけを拘束していても結果は変わらないと考えるのが通例です．

には一様な二次元のモデルで計算する場合を考えます．その場合，例えば左側の端の拘束は**図 1.5**(a) と (b) のどちらを課せばよいでしょうか．図 1.5(a) のように拘束すると，はりの断面の中央面からずれた，断面の下のところで拘束されることになります．このとき，はりが上からの荷重で曲げられると，はりの下半分には引張りの曲げ応力が生じますので，当然ながら x 方向には伸びが生じています．したがって，もし両端の x 方向変位を拘束している場合は，この曲げによって生じる伸びを拘束することになります注2．

一方で，図 1.5(b) でははりの中央面を拘束しているので，この点では x 方向には伸びが生じず，たとえ両端で x 方向変位を拘束していてもその影響は受けません．

つまり，細かく四角形要素でモデル化して，できるだけ詳細な検討をしようとする場合，一歩間違えると，むしろ思ったような条件を課していない，ということが起こりうるのです．

上記のような境界条件を与える際など，ユーザーの「思い違い」が出力結果の誤りに結びつくことは，有限要素法をツールとして使う場合，各段階で出てくる可能性があります．便利なツールであるだけに，しかも前述のように結果がとりあえずは出てくる場合が多いために，間違いがあることに気づきにくいことが大きな問題です．

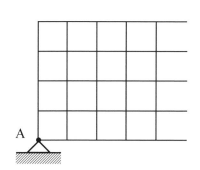

(a) はりの中央面からずれたところで拘束した場合

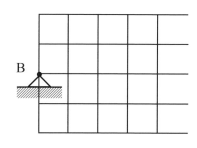

(b) はりの中央面で拘束した場合

図 1.5　単純支持における支持点の違い

注2　実は，いわゆるポアソン効果（ポアソン比の影響）で，中央の荷重点と両端の拘束点近傍では x 方向の伸びが生じるので，中央面も若干伸びますが，それは限られた領域の影響なので，ここでは考えないことにします．

1.2.4 使うべき理論を知ろう

有限要素法で変形や応力・ひずみを計算する際，以下の場合に理論的な問題が発生することはあまりないでしょう．

1. 線形弾性材料として近似できる材料で構成されている．
2. 構造の小さな変形挙動を対象にした解析で，ひずみも微小である．

これを，**微小変形理論**による解析と呼びます．この場合は一般に線形問題を解くことになります．

ところが大きなひずみや変形が生じることが予想される問題では，このような問題に対応できる**有限変形理論**を使わなければなりません．有限変形理論では，一般に非線形な問題を解かなければなりません．さらに，これは幾何学的な変化による非線形の現象なので，**幾何学的非線形問題**です．

また，構造物の破壊や塑性変形などを扱う場合には材料が非線形なふるまいをすることから，**材料非線形問題**になり，これも非線形問題の一種です．

さらに，2つの領域の接触や衝突を扱う場合，接触している領域はその変形状態に依存します．これはつまり，境界条件を与えるべき領域が，変位によって変わる，つまり変位の関数になります．このような接触に由来する非線形性を含む問題を**境界非線形問題**といいますが，これもまた非線形問題として扱う必要があります．

構造物の破壊を扱う場合，使われている材料の強度を知った上で，構造物のふるまいの解析をすることが必要です．その際，「各材料に対応してどのような強度則を使うか」によって当然ながら最終的な構造物の破壊の様相も変わってくる可能性があります．

例えば，簡単な強度則として，最大応力説と最大ひずみ説が存在します．この2つでさえも，どちらを使うかで，最終強度にも差が出る可能性があります．

同様のことは，塑性変形を扱う場合などにも起こりえます．

したがって，正しい解析を行うためには，対象とする材料や構造物に適した理論を使うことが大切です．現実的には，実際に問題に直面した場合にどの理論を使うかを判断しなければなりません．

1.2.5 計算の効率化

　上記以外にも，有限要素法を正しく使う上で注意すべきことは多々ありますが，特に忘れがちなのが，計算の効率化を考えるという視点です．先に解説した応力集中部とは逆に，構造物の中でほぼ一様な応力が生じることが予想される部分であれば，要素分割を細かくする必要はありません．つまり，1つの要素内での近似関数によって，大きな部位をまとめて扱っても精度上問題になりません．これによって全体の要素数を減らすことができれば，それに伴って，用いる自由度の数を抑えることになり，計算の効率化につながります．

　このほか，接触問題など繰り返し計算が必要な場合には，計算のステップ，例えば荷重を増やす場合の増分の量をどうとるかなどといったことを，きちんと考える必要があります．

　以上でみてきたように，有限要素法は便利なツールですが，

- 入力や出力
- 使う要素の種類やそれによるモデル化のしかた
- 境界条件の与え方
- どのような理論を使うか
- 計算のしかたの工夫

などなど，多くの点に注意を払う必要があります．

　誰にでも使いやすく，もっともらしい結果を手ばやく示すのに便利だからといって，よりどころとなる理論的背景はもちろんですが，力学の基本原理をおろそかにできるわけではありません．

　有限要素法を使って急いで結果を出さなければならない人，時間的余裕がない人も多いと思いますが，本書を参考に，それぞれの場面で疑問に思ったことなどを，少しでも解消してください．

1.3 基礎事項

Point!
- 有限要素法では決められた単位系はないので，利用者の裁量で決定した単位で統一します．
- 座標系として直交座標系（カーテシアン座標系，デカルト座標系），極座標系，円筒座標系，球座標系が用いられます．
- テンソルは，座標系によらずに存在を表すために用いられる概念であり，スカラーは 0 階，ベクトルは 1 階のテンソルです．
- 変位はベクトル（1 階のテンソル），応力・ひずみは（2 階の）テンソル，弾性テンソルは 4 階のテンソルです．一般にテンソルの成分は，座標系を変更すると規則的に変化します．

1.3.1 単位系

有限要素法では，単位系を統一して現象を扱うことは必須ですが，それがよって立つ理論的背景に，定められた単位系というものはありません．つまり，決まった単位系を使わなければならない必然性はないので，単位系の選択は利用者の自由裁量に任されています．

それでは一般に何を使えばよいかですが，国際的に広く通用している**国際単位系（SI 単位系）**が最も推奨されます．これは MKS 単位系を基本にしたもので，長さはメートル〔m〕，質量はキログラム〔kg〕，時間は秒〔s〕を用い，全部で 7 つの**基本単位**から成り立ちます．

力学で多く用いる力は，この 7 つの基本単位の中に含まれませんが，これらの基本単位を使った**組立単位**として，ニュートン〔N〕が用いられます．N を MKS 単位系で表すと，$kg \cdot m \cdot s^{-2}$ となります．また，圧力は $N \cdot m^{-2}$ ですが，これはパスカル〔Pa〕という単位を使って表されます．この本に関係のある SI 単位系の一部を**図 1.6** に示します．

なお，過去に使われた古い単位系として，**工学単位系**があります．これは力の単位である**キログラム重**〔kgf〕を基本単位として用いるもので，質量の単位

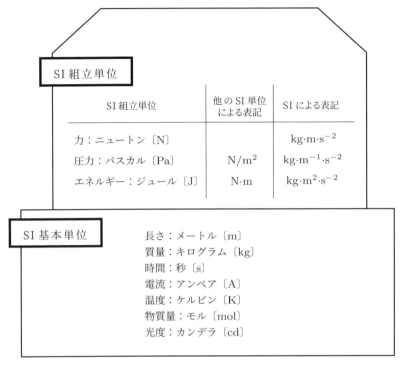

図 1.6 SI 単位系

であるキログラム〔kg〕を基本単位に用いる上記の SI 単位系と区別されます．ここで，1 kgf は質量 1 kg に作用する重力（力）として定義されます．古い資料を参照する場合や伝統的な慣習にしたがう場合，まずは kg と kgf が混在することがないように注意しましょう．つまり，力の単位について SI 単位系では上記の N，すなわち kg·m·s^{-2} ですが，工学単位系では kgf です．両者の間には，

$$1\,\mathrm{kgf} = 9.8\,\mathrm{N}\ (= 9.8\,\mathrm{kg \cdot m \cdot s^{-2}})$$

の関係があります．逆に上式から，質量について，

$$\frac{1}{9.8}\,\mathrm{kgf \cdot m^{-1} \cdot s^{2}} = 1\,\mathrm{kg}$$

ともなっています．

1.3.2 ◆ 座標系

幾何学において，空間における任意の点の位置を指定するために，与える数の組を**座標**といいます．その組から位置を決める方法を与えるものが**座標系**です．座標系には**図 1.7** に示すような直交座標系，極座標系，円筒座標系，球座標系などがあります．直交座標系は，デカルト座標系，カーテシアン座標系とも呼ばれ，最もよく用いられます．

空間においては，各座標軸の単位ベクトルを導入することで座標系を設定することができます．この単位ベクトルを**基底ベクトル**といいます．例えば，ベクトル $\mathbf{b}$ は，直交座標系の正規直交基底ベクトル $\mathbf{e}_i$ $(i = 1, 2, 3)$ で分解することができ，次式のように表されます．

$$\mathbf{b} = \sum_{i=1}^{3} b_i \mathbf{e}_i \tag{1.1}$$

ここに b_i をベクトル $\mathbf{b}$ の成分といいます．

一方，ベクトル $\mathbf{b}$ を別の正規直交基底ベクトル $\bar{\mathbf{e}}_i$ $(i = 1, 2, 3)$ で分解すると，次式のように表されます．

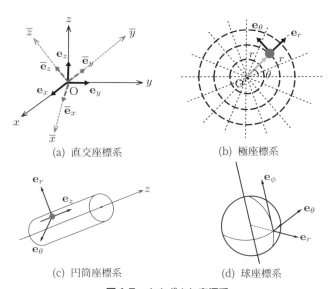

(a) 直交座標系　　(b) 極座標系

(c) 円筒座標系　　(d) 球座標系

図 1.7 さまざまな座標系

$$\mathbf{b} = \sum_{i=1}^{3} \bar{b}_i \bar{\mathbf{e}}_i \quad (1.2)$$

式 (1.1)，(1.2) は，同じベクトル **b** が，異なる座標系において，異なる成分に分解されることを示しています．つまり，ベクトルの成分表示は，座標系に依存することを意味します．

ここでは，直交座標系の例を示しましたが，極座標系や円筒座標系の場合も同じです．なお，座標系を変えた場合のベクトル成分の変化には必ず，マトリクス（行列）などで一般化可能な変換規則があります．この変換規則を用いれば，座標系を変更した場合に成分を変換できます．これを**座標変換**といいます．

有限要素法解析において，座標系は解析モデルの形状や材料を定義します．つまり，変位，ひずみ，応力を評価するためには，座標系を正しく指定することに留意する必要があります．

1.3.3 ◆ スカラー，ベクトル，テンソル

物理量は，一般に座標系とは独立な存在であり，テンソル量として扱われます．**スカラー**は 0 階のテンソル量であり，その値は座標変換によらず不変です．一方，**ベクトル**は，その成分は座標変換によって規則的に変化します．

ベクトルは式 (1.1) や (1.2) で表されることから，1 つの方向情報を有していることがわかります．すなわち，ベクトルは 1 階のテンソルです．テンソルの階数は，それが有する方向情報の数と考えることができます．

本書で扱う有限要素法と関連する物理量の 1 つである温度は，スカラー量であり 0 階のテンソルです．位置，力，変位，速度，加速度はベクトル量であり，1 階のテンソルです．また，応力やひずみは，2 階のテンソルです．

ここで，2 階のテンソル **X** は直交座標系において次式のように表すことができます．

$$\mathbf{X} = \sum_{i=1}^{3} \sum_{j=1}^{3} X_{ij} \mathbf{e}_i \otimes \mathbf{e}_j \quad (1.3)$$

ここに $\otimes$ はベクトルのテンソル積を表す線形演算子で，X_{ij} を 2 階のテンソル **X** の成分といいます．

テンソル積を用いた演算の詳細については本書では触れませんが，式 (1.3) からテンソルは，2 つの基底ベクトルのテンソル積で分解されているので，2 つ

の方向情報があることがわかります．

また，2階のテンソルは座標系によらない存在であるので，別の正規直交基底ベクトル $\overline{\mathbf{e}}_i$ ($i=1,2,3$) で分解すると，次式のように表すことができます．

$$\mathbf{X} = \sum_{i=1}^{3}\sum_{j=1}^{3} \overline{X}_{ij}\overline{\mathbf{e}}_i \otimes \overline{\mathbf{e}}_j \tag{1.4}$$

なお，座標系を変えた場合の2階のテンソル成分の変化には，ベクトルと同様な一般化可能な変換規則があります．

1.3.4 ● 高階のテンソル

本書では，テンソルという言葉はたいていの場合，2階のテンソルを指しますが，実は線形弾性体の応力とひずみを関係づける弾性テンソルは4階のテンソルです．

つまり，2階のテンソルである応力テンソルと，2階のテンソルであるひずみテンソルを関係づけるものが4階の弾性テンソルということになります．4階になる理由は，応力テンソルが2つの方向情報を，ひずみテンソルが2つの方向情報を有するので，それらを関係づける**弾性テンソル**は4つの方向情報を有するものであるためと理解できます．

したがって，弾性テンソル $\mathbf{C}$ は，直交座標系の正規直交基底ベクトル $\mathbf{e}_i$ ($i=1,2,3$) で分解すると，次式のように表すことができます．

$$\mathbf{C} = \sum_{i=1}^{3}\sum_{j=1}^{3}\sum_{k=1}^{3}\sum_{l=1}^{3} C_{ijkl}\mathbf{e}_i \otimes \mathbf{e}_j \otimes \mathbf{e}_k \otimes \mathbf{e}_l \tag{1.5}$$

ここに C_{ijkl} を4階のテンソル $\mathbf{C}$ の成分といいます．

また，4階のテンソルは座標系によらない存在であるので，別の正規直交基底ベクトル $\overline{\mathbf{e}}_i$ ($i=1,2,3$) で分解すると，次式のように表すことができます．

$$\mathbf{C} = \sum_{i=1}^{3}\sum_{j=1}^{3}\sum_{k=1}^{3}\sum_{l=1}^{3} \overline{C}_{ijkl}\overline{\mathbf{e}}_i \otimes \overline{\mathbf{e}}_j \otimes \overline{\mathbf{e}}_k \otimes \overline{\mathbf{e}}_l \tag{1.6}$$

なお，座標系を変えた場合の4階テンソル成分変換において，ベクトルや2階のテンソルと同様な一般化可能な変換規則があります．

1.4 有限要素法の基本原理

> **Point!**
> - 応力，ひずみ，変位を決定するためには偏微分方程式の境界値問題を解く必要があります．この偏微分方程式の境界値問題は，仮想仕事の原理式に置き換えることができます．
> - 有限要素法においては，複数個の有限要素を用いて仮想仕事の原理式を評価することによって，変位場，ひずみ場，応力場の近似解を求めます．
> - 有限要素法の解析手順は，前処理，メイン処理，後処理から構成されます．

1.4.1 応力，ひずみ，変位の定義

構造解析は，構造物内部の応力，ひずみ，変位の分布を定量的に求め，その強度や寿命評価に役立てるために実施されます．また，**有限要素法**は，コンピュータを利用して構造解析を実施するための標準的な数値シミュレーション手法です．有限要素法を用いると，実際の構造物に発生する応力，変位，ひずみを近似的に求めることができます．ここでは，強度評価に用いられるこれらの応力，変位，ひずみの定義について説明します．

構造物に力が加わると，外力に抵抗する力が内部に生じます．構造物に加わる力を**外力**，内部に生じる力を**内力**といいます．さらに，外力は，体積に作用する**物体力**と，面積に作用する**表面力**に分類されます．前者には，重力，遠心力および熱荷重，後者には，圧力や摩擦力などがあります．

また，構造解析の基礎理論を提供する連続体力学あるいは固体力学では，構造物の内部に分布する内力を，微小面積で除したものを**応力**と定義します．内力は，その名のとおり「力」なのでベクトル量として表され，**内力ベクトル**とも呼ばれます．さらに，それを着目する微小面の面積で除したものは**応力ベクトル**と呼ばれます．

このように，「微小面」を仮定することにより，面への力の分布形状を無視することができます．

さて，**図 1.8** に示すように微小面の外向き法線方向を $\mathbf{n}$ とするとき，応力ベクトル $\mathbf{t}$ は，微小面に垂直な $\mathbf{n}$ 方向の成分 σ と，それに直交する微小面に平行な $\mathbf{m}$ 方向成分 τ に分解して，次式のように表すことができます．

$$\mathbf{t}^{(\mathbf{n})} = \sigma \mathbf{n} + \tau \mathbf{m} \tag{1.7}$$

ここに σ を**垂直応力**，τ を**せん断応力**といいます．

三次元 xyz 直交座標系（基底ベクトル $\mathbf{e}_x, \mathbf{e}_y, \mathbf{e}_z$）において応力成分は 9 つあり，$\sigma_x, \sigma_y, \sigma_z, \tau_{xy}, \tau_{xz}, \tau_{yx}, \tau_{yz}, \tau_{zx}, \tau_{zy}$ のように表します．すなわち $\sigma_I\,(I=x,y,z)$ は「I 軸の正方向を外向き法線方向とする，微小面に作用する応力ベクトル $\mathbf{t}^{(\mathbf{e}_{(I)})}$ の垂直応力成分」，$\tau_{IJ}\,(I,J=x,y,z)$ は「I 軸の正方向を外向き法線方向とする，微小面に作用する応力ベクトル $\mathbf{t}^{(\mathbf{e}_{(I)})}$ の J 軸方向成分」となります．

このように応力成分を記述するためには，応力ベクトルの作用する面の外向き法線方向と，そのベクトルを分解する方向を指定する必要があります．したがって言葉で説明すると，くどく長くなりますが，このような記号を用いれば，長い定義を使わずとも応力成分を説明できます．微小六面体に作用する応力ベクトルと応力成分を**図 1.9** に示します．

このように**応力**は 9 つの成分 $\sigma_x, \sigma_y, \sigma_z, \tau_{xy}, \tau_{xz}, \tau_{yx}, \tau_{yz}, \tau_{zx}, \tau_{zy}$ で表される量で，2 階のテンソル量です．したがって**応力テンソル**とも呼ばれます．2 階のテンソルという用語の中の「2」は，その量が含む方向情報の数を意味します．つまり，応力テンソルは，作用する切断面の外向き法線ベクトルの方向と，切断面に作用する応力ベクトルの作用する方向の，2 つの方向情報を有しています．なお，皆さんがよく知っているスカラーやベクトルは，それぞれ

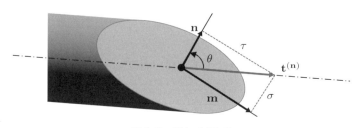

図 1.8　応力ベクトル

1.4 有限要素法の基本原理

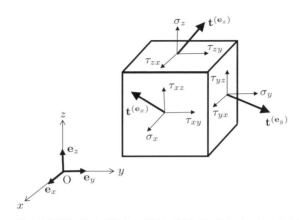

図 1.9 直交座標系における微小六面体に作用する応力ベクトルと応力成分

0 階のテンソル，1 階のテンソルです．スカラーは方向情報を有していません．対して，ベクトルは「矢印」で表されるように，向きと大きさを有していることから，1 つの方向情報を有しています．

さて，力を受けると構造物は変形します．つまり，力を受ける前の構造物の任意の点は，力を受けることにより別の位置に移動します．これを**変位**といいます．三次元 xyz 直交座標系において，このように構造物の各点の変位は位置 x, y, z が与えられれば一意に定まり，座標の関数になるので，**変位場**とも呼ばれます．前述した応力も後述するひずみも，同様に考えることにより，**応力場**，**ひずみ場**と呼ばれます．任意の点の x, y, z 方向の変位成分は，$u(x,y,z)$，$v(x,y,z)$，$w(x,y,z)$ のように表します．

さて，1 点だけの変位を観測しただけでは，変形の「程度」を評価することができません．そこで，異なる 2 点の変位の差を評価することによって「変形の尺度」を定義します．すなわち，**図 1.10** に示すように近接する 2 点が変位することにより，その 2 点を結ぶ線素が変形するので，この線素の長さの差異を比較することによってひずみを定義します．三次元 xyz 直交座標系において，ひずみ成分は 9 つあり，$\varepsilon_x, \varepsilon_y, \varepsilon_z, \gamma_{xy}, \gamma_{xz}, \gamma_{yx}, \gamma_{yz}, \gamma_{zx}, \gamma_{zy}$ のように表します．ここで，$\varepsilon_I\ (I=x,y,z)$ を**垂直ひずみ**，$\gamma_{IJ}\ (I,J=x,y,z)$ を**せん断ひずみ**といいます．

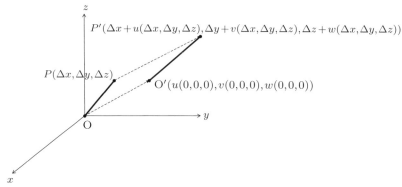

図 1.10 微小線素の変形

1.4.2 ◆ 基礎方程式

図 1.11 に示すように三次元 xyz 直交座標系において物体力を受ける線形弾性体があり，その境界の一部の変位が拘束され，また境界の一部に表面力が与えられているとします．このとき，応力場，ひずみ場，変位場を決定するための基礎方程式は，次式のように表されます．

①応力で表した平衡方程式

$$\begin{cases} \dfrac{\partial \sigma_x}{\partial x} + \dfrac{\partial \tau_{xy}}{\partial y} + \dfrac{\partial \tau_{zx}}{\partial z} + \bar{b}_x = 0 \\ \dfrac{\partial \tau_{xy}}{\partial x} + \dfrac{\partial \sigma_y}{\partial y} + \dfrac{\partial \tau_{yz}}{\partial z} + \bar{b}_y = 0 \\ \dfrac{\partial \tau_{zx}}{\partial x} + \dfrac{\partial \tau_{yz}}{\partial y} + \dfrac{\partial \sigma_z}{\partial z} + \bar{b}_z = 0 \end{cases} \quad (1.8)$$

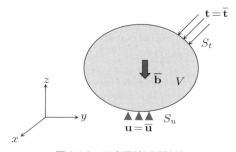

図 1.11 三次元線形弾性体

ここに $\bar{b}_x, \bar{b}_y, \bar{b}_z$ は単位体積に作用する物体力の x, y, z 方向成分であり，既知量であるので上線を付けて表しています．なお，ここでは，微小要素についてのモーメントのつり合いから $\tau_{xy} = \tau_{yx}, \tau_{zx} = \tau_{xz}, \tau_{yz} = \tau_{zy}$ が成立すること（せん断応力成分の対称性）を考慮しています．

② ひずみ-変位関係式

微小変形理論においては，ひずみ成分と変位成分との関係は，次式のような線形関係式で表されます．

$$\begin{cases} \varepsilon_x = \dfrac{\partial u}{\partial x}, \quad \varepsilon_y = \dfrac{\partial v}{\partial y}, \quad \varepsilon_z = \dfrac{\partial w}{\partial z} \\ \gamma_{xy} = \gamma_{yx} = \dfrac{1}{2}\left(\dfrac{\partial u}{\partial y} + \dfrac{\partial v}{\partial x}\right) \\ \gamma_{xz} = \gamma_{zx} = \dfrac{1}{2}\left(\dfrac{\partial u}{\partial z} + \dfrac{\partial w}{\partial x}\right) \\ \gamma_{yz} = \gamma_{zy} = \dfrac{1}{2}\left(\dfrac{\partial v}{\partial z} + \dfrac{\partial w}{\partial y}\right) \end{cases} \tag{1.9}$$

③ 応力-ひずみ関係式

線形弾性体においては，応力成分とひずみ成分との関係は，一般に次式のような線形関係式で表されます．

$$\begin{Bmatrix} \sigma_x \\ \sigma_y \\ \sigma_z \\ \tau_{yz} \\ \tau_{zx} \\ \tau_{xy} \end{Bmatrix} = \begin{bmatrix} c_{11} & c_{12} & c_{13} & c_{14} & c_{15} & c_{16} \\ c_{21} & c_{22} & c_{23} & c_{24} & c_{25} & c_{26} \\ c_{31} & c_{32} & c_{33} & c_{34} & c_{35} & c_{36} \\ c_{41} & c_{42} & c_{43} & c_{44} & c_{45} & c_{46} \\ c_{51} & c_{52} & c_{53} & c_{54} & c_{55} & c_{56} \\ c_{61} & c_{62} & c_{63} & c_{64} & c_{65} & c_{66} \end{bmatrix} \begin{Bmatrix} \varepsilon_x \\ \varepsilon_y \\ \varepsilon_z \\ \gamma_{yz} \\ \gamma_{zx} \\ \gamma_{xy} \end{Bmatrix} \tag{1.10}$$

ここに c_{ij} を**弾性定数**といいます．成分は 36 個ありますが，対称性，すなわち $c_{ij} = c_{ji}$ $(i = 1, 2, \ldots, 6)$ の関係があるので，これらのうち，独立なものは 21 個となります．このような関係式を**一般化フックの法則**といいます．

以上示したように，未知量は応力 6 成分，ひずみ 6 成分，変位 3 成分の総計 15 個に対して，基礎方程式はせん断応力成分の対称性を考慮した平衡方程式が 3 個，ひずみ-変位関係式が 6 個，応力-ひずみ関係式が 6 個の，総計 15 個

となり，未知数の数と方程式の数が一致して基礎方程式は原理的に解けることになります．

④境界条件

実際に解を求めるためには，上記のような基礎式に加えて，物体表面において境界条件を与える必要があります．境界条件は，幾何学的境界条件と力学的境界条件に分類されます．**幾何学的境界条件**は，変位についての拘束条件であり，**力学的境界条件**は，荷重条件です．ここでは，幾何学的境界条件を与える表面を S_u，力学的境界条件を S_t と記すことにします．

S_u における幾何学的境界条件は，次式で与えられます．

$$u = \bar{u}, \quad v = \bar{v}, \quad w = \bar{w} \tag{1.11}$$

ここに $\bar{u}, \bar{v}, \bar{w}$ は S_u における既知量であるので上線を付けて表しています．

一方，S_t における力学的境界条件は，次式で与えられます．

$$\begin{cases} t_x = \sigma_x n_x + \tau_{xy} n_y + \tau_{zx} n_z = \bar{t}_x \\ t_y = \tau_{xy} n_x + \sigma_y n_y + \tau_{yz} n_z = \bar{t}_y \\ t_z = \tau_{zx} n_x + \tau_{yz} n_y + \sigma_z n_z = \bar{t}_z \end{cases} \tag{1.12}$$

ここに $\bar{t}_x, \bar{t}_y, \bar{t}_z$ は S_t における既知量であるので上線を付けて表しています．また，n_x, n_y, n_z は S_t における外向き法線ベクトル $\mathbf{n}$ の x, y, z 方向成分です．

1.4.3 ⬢ 仮想仕事の原理式

上記の基礎方程式の一部を，数学的に等価な式に書き換えることを考えます．ここで，任意の仮想変位 u^*, v^*, w^* を考えます．**仮想変位**とは，任意に与えることができますが，幾何学的境界条件を与える表面 S_u において次式を満足するものとします．

$$u^* = 0, \quad v^* = 0, \quad w^* = 0 \tag{1.13}$$

基礎方程式と境界条件式を満足する応力の解を**正解**とすると，正解について次式が成立します．

$$\iiint_V \left\{ \sigma_x \varepsilon_x^* + \sigma_y \varepsilon_y^* + \sigma_z \varepsilon_z^* + \tau_{yz} \gamma_{yz}^* + \tau_{zx} \gamma_{zx}^* + \tau_{xy} \gamma_{xy}^* \right\} dxdydz$$
$$= \iiint_V \left(\bar{b}_x u^* + \bar{b}_y v^* + \bar{b}_z w^* \right) dxdydz + \iint_{S_t} \left(\bar{t}_x u^* + \bar{t}_y v^* + \bar{t}_z w^* \right) ds \tag{1.14}$$

この式を**仮想仕事の原理式**といいます.

ここに ε_x^* などは, **仮想ひずみ**で, 仮想変位を用いて次式のように定義されます.

$$\begin{cases} \varepsilon_x^* = \dfrac{\partial u^*}{\partial x}, \quad \varepsilon_y^* = \dfrac{\partial v^*}{\partial y}, \quad \varepsilon_z^* = \dfrac{\partial w^*}{\partial z} \\ \gamma_{yz}^* = \dfrac{\partial w^*}{\partial y} + \dfrac{\partial v^*}{\partial z}, \quad \gamma_{xz}^* = \dfrac{\partial w^*}{\partial x} + \dfrac{\partial u^*}{\partial z}, \quad \gamma_{xy}^* = \dfrac{\partial v^*}{\partial x} + \dfrac{\partial u^*}{\partial y} \end{cases}$$

この定義式は, ひずみ-変位関係式におけるひずみと変位を, それぞれ仮想ひずみと仮想変位に置き換えた式になっています.

仮想仕事の原理式における左辺の物理的意味は内力の仮想仕事, 右辺第1項は物体力の仮想仕事, 第2項は表面力の仮想仕事です. 第1項と第2項を合わせて, **外力の仮想仕事**といいます. 仮想仕事の原理式は, 平衡方程式および力学的境界条件式と等価であることを示しています. また, 仮想仕事の原理式は応力-ひずみ関係式と独立に成立します.

詳しい説明は省略しますが, 仮想仕事の原理式を導いた過程を逆にたどると, 仮想仕事の原理式と変位境界条件式から, 平衡方程式と力学的境界条件を導くことができます.

仮想仕事の原理式を用いることにより, 正解を求めることが簡単になるわけではありません. しかしながら, 有限要素法を用いて近似解を求める際には, 仮想仕事の原理式を指導原理として用いることになります.

1.4.4 ⬢ 有限要素による仮想仕事の原理の分解

①鉛直につるされ下端に荷重を受ける丸棒

図 1.12 に示すような, 下端に引張り力 P を受ける天井からつるした丸棒の, 応力分布, ひずみ分布, 変位分布を求めることを考えます. まず, 明らかに x 方向の垂直応力成分, ひずみ成分, 変位成分だけしか生じないので, この状態についての仮想仕事の原理式は, 次式のように表されます.

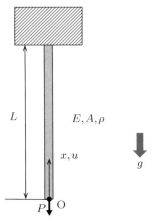

図 1.12 天井からつるした丸棒

$$\iiint_V \sigma_x \varepsilon_x^* \, dxdydz = \iiint_V (-\rho g) u^* \, dxdydz + \iint_{S_t} \left(-\frac{P}{A}\right) u^*(0) \, ds \tag{1.15}$$

ここに棒材料の質量密度を ρ, 丸棒の断面積を A, 重力加速度を g としました. $\sigma_x, \varepsilon_x, u$ などは, x だけの関数と考えることができるので, 仮想仕事の原理式は, 次式のように書き直せます.

$$A \int_0^L \sigma_x \varepsilon_x^* \, dx = -\rho g A \int_0^L u^* \, dx - P u^*(0) \tag{1.16}$$

さらに, ひずみ-変位関係式, 単軸部材におけるヤング率 E の等方性材料 (59 ページ参照) についての応力-ひずみ関係式 $\sigma_x = E \varepsilon_x$ を考慮して, 次式のように表せます.

$$EA \int_0^L \frac{du}{dx} \frac{du^*}{dx} \, dx = -\rho g A \int_0^L u^* \, dx - P u^*(0) \tag{1.17}$$

②有限要素近似

式 (1.17) を, 有限要素を用いて近似的に表示することを考えます. ここでは, **図 1.13** に示すように一次元 2 節点棒要素を 2 つ, 直列につなげてモデル化します.

すなわち, 要素内の変位場を節点変位を用いて, 次式のように表します.

1.4 有限要素法の基本原理

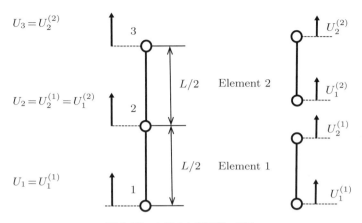

図 1.13 丸棒の有限要素モデル

$$\begin{cases} u^{(1)} = \left(1 - \dfrac{x}{L/2}\right) U_1^{(1)} + \dfrac{x}{L/2} U_2^{(1)} \\ u^{(2)} = \left(1 - \dfrac{x - L/2}{L/2}\right) U_1^{(2)} + \dfrac{x - L/2}{L/2} U_2^{(2)} \end{cases} \quad (1.18)$$

式 (1.18) は次式のように書き直すことができます.

$$\begin{cases} u^{(1)} = \begin{bmatrix} N^{(1)} \end{bmatrix} \begin{Bmatrix} U_1^{(1)} \\ U_2^{(1)} \end{Bmatrix} \\ u^{(2)} = \begin{bmatrix} N^{(2)} \end{bmatrix} \begin{Bmatrix} U_1^{(2)} \\ U_2^{(2)} \end{Bmatrix} \end{cases} \quad (1.19)$$

ここに $\begin{bmatrix} N^{(1)} \end{bmatrix}, \begin{bmatrix} N^{(2)} \end{bmatrix}$ は,**形状関数**と呼ばれ,要素 1, 2 において次式のように定義されます.

$$\begin{cases} \begin{bmatrix} N^{(1)} \end{bmatrix} = \begin{bmatrix} 1 - \dfrac{x}{L/2} & \dfrac{x}{L/2} \end{bmatrix} \\ \begin{bmatrix} N^{(2)} \end{bmatrix} = \begin{bmatrix} 1 - \dfrac{x - L/2}{L/2} & \dfrac{x - L/2}{L/2} \end{bmatrix} \end{cases}$$

ここでは,有限要素内部の変位場は,x について線形の関数を仮定しました.しかしながら,実際に生じる変位場は線形とは限りません.後述するように,この問題における変位場の厳密解は x についての二次関数になります.

一方,このときひずみ場は,次式のように表されます.

27

第 1 章 有限要素法で何ができるか？

$$\begin{cases} \varepsilon^{(1)} = \dfrac{du^{(1)}}{dx} = \left[\dfrac{\partial N^{(1)}}{\partial x}\right] \begin{Bmatrix} U_1^{(1)} \\ U_2^{(1)} \end{Bmatrix} = \dfrac{2}{L}\begin{bmatrix} -1 & 1 \end{bmatrix}\begin{Bmatrix} U_1^{(1)} \\ U_2^{(1)} \end{Bmatrix} \\ \varepsilon^{(2)} = \dfrac{du^{(2)}}{dx} = \left[\dfrac{\partial N^{(2)}}{\partial x}\right] \begin{Bmatrix} U_1^{(2)} \\ U_2^{(2)} \end{Bmatrix} = \dfrac{2}{L}\begin{bmatrix} -1 & 1 \end{bmatrix}\begin{Bmatrix} U_1^{(2)} \\ U_2^{(2)} \end{Bmatrix} \end{cases} \quad (1.20)$$

このように有限要素内部のひずみ場は一定になります．しかしながら，この問題におけるひずみ場の厳密解は x についての一次関数になります．

③有限要素による仮想仕事の原理式の近似

式 (1.19), (1.20) を利用して，仮想仕事の原理式 (1.17) を次式で近似します．

$$\begin{aligned}
EA &\int_0^{L/2} \begin{bmatrix} U_1^{*(1)} & U_2^{*(1)} \end{bmatrix} \dfrac{2}{L}\begin{Bmatrix} -1 \\ 1 \end{Bmatrix} \dfrac{2}{L}\begin{bmatrix} -1 & 1 \end{bmatrix}\begin{Bmatrix} U_1^{(1)} \\ U_2^{(1)} \end{Bmatrix} dx \\
&+ EA \int_{L/2}^L \begin{bmatrix} U_1^{*(2)} & U_2^{*(2)} \end{bmatrix} \dfrac{2}{L}\begin{Bmatrix} -1 \\ 1 \end{Bmatrix} \dfrac{2}{L}\begin{bmatrix} -1 & 1 \end{bmatrix}\begin{Bmatrix} U_1^{(2)} \\ U_2^{(2)} \end{Bmatrix} dx \\
&= -\rho g A \int_0^{L/2} \begin{bmatrix} U_1^{*(1)} & U_2^{*(1)} \end{bmatrix} \begin{Bmatrix} 1-\dfrac{x}{L/2} \\ \dfrac{x}{L/2} \end{Bmatrix} dx \\
&\quad -\rho g A \int_{L/2}^L \begin{bmatrix} U_1^{*(2)} & U_2^{*(2)} \end{bmatrix} \begin{Bmatrix} 1-\dfrac{x-L/2}{L/2} \\ \dfrac{x-L/2}{L/2} \end{Bmatrix} dx - P U_1^{*(1)} \quad (1.21)
\end{aligned}$$

上式 (1.21) における定積分を計算し，整理して次式を得ます．

$$\begin{aligned}
&\begin{bmatrix} U_1^{*(1)} & U_2^{*(1)} \end{bmatrix} \dfrac{2EA}{L}\begin{bmatrix} 1 & -1 \\ -1 & 1 \end{bmatrix}\begin{Bmatrix} U_1^{(1)} \\ U_2^{(1)} \end{Bmatrix} \\
&+ \begin{bmatrix} U_1^{*(2)} & U_2^{*(2)} \end{bmatrix} \dfrac{2EA}{L}\begin{bmatrix} 1 & -1 \\ -1 & 1 \end{bmatrix}\begin{Bmatrix} U_1^{(2)} \\ U_2^{(2)} \end{Bmatrix} \\
&= -\begin{bmatrix} U_1^{*(1)} & U_2^{*(1)} \end{bmatrix} \dfrac{\rho g AL}{4}\begin{Bmatrix} 1 \\ 1 \end{Bmatrix} - \begin{bmatrix} U_1^{*(2)} & U_2^{*(2)} \end{bmatrix} \dfrac{\rho g AL}{4}\begin{Bmatrix} 1 \\ 1 \end{Bmatrix} - P U_1^{*(1)}
\end{aligned} \quad (1.22)$$

ここで，次式のように要素剛性マトリクス $\mathbf{k}^{(1)}, \mathbf{k}^{(2)}$ と，要素荷重ベクトル

$\mathbf{f}^{(1)}, \mathbf{f}^{(2)}$ を定義します.

$$\begin{cases} \mathbf{k}^{(1)} = \mathbf{k}^{(2)} = \dfrac{2EA}{L}\begin{bmatrix} 1 & -1 \\ -1 & 1 \end{bmatrix} \\ \mathbf{f}^{(1)} = \mathbf{f}^{(2)} = \dfrac{\rho g AL}{4}\begin{Bmatrix} 1 \\ 1 \end{Bmatrix} \end{cases} \quad (1.23)$$

この場合,要素 1 と 2 は同じ条件なので $\mathbf{k}^{(1)}$ と $\mathbf{k}^{(2)}$,$\mathbf{f}^{(1)}$ と $\mathbf{f}^{(2)}$ は同じ式で表されます.ここで,要素 1 の第 2 節点と,要素 2 の第 1 節点が結合されていて,同一の節点変位を有することを考慮すると,$U_1^{(1)} = U_1$; $U_2^{(1)} = U_1^{(2)} = U_2$; $U_2^{(2)} = U_3$ が成立するので,式 (1.22) は次式のように書き直すことができます.

$$\begin{bmatrix} U_1^* & U_2^* \end{bmatrix} \mathbf{k}^{(1)} \begin{Bmatrix} U_1 \\ U_2 \end{Bmatrix} + \begin{bmatrix} U_2^* & U_3^* \end{bmatrix} \mathbf{k}^{(2)} \begin{Bmatrix} U_2 \\ U_3 \end{Bmatrix}$$
$$= -\begin{bmatrix} U_1^* & U_2^* \end{bmatrix} \mathbf{f}^{(1)} - \begin{bmatrix} U_2^* & U_3^* \end{bmatrix} \mathbf{f}^{(2)} \begin{Bmatrix} 1 \\ 1 \end{Bmatrix} - P U_1^* \quad (1.24)$$

式 (1.24) は,次のように書き直すことができます.

$$\begin{bmatrix} U_1^* & U_2^* & U_3^* \end{bmatrix} \left(\begin{bmatrix} \mathbf{k}^{(1)} & 0 \\ 0 & 0 \end{bmatrix} + \begin{bmatrix} 0 & 0 \\ 0 & \mathbf{k}^{(2)} \end{bmatrix} \right) \begin{Bmatrix} U_1 \\ U_2 \\ U_3 \end{Bmatrix}$$
$$= \begin{bmatrix} U_1^* & U_2^* & U_3^* \end{bmatrix} \left(-\begin{Bmatrix} \mathbf{f}^{(1)} \\ 0 \end{Bmatrix} - \begin{Bmatrix} 0 \\ \mathbf{f}^{(2)} \end{Bmatrix} + \begin{Bmatrix} -P \\ 0 \\ 0 \end{Bmatrix} \right) \quad (1.25)$$

式 (1.23) により,$\mathbf{k}^{(1)}, \mathbf{k}^{(2)}$ と要素荷重ベクトル $\mathbf{f}^{(1)}, \mathbf{f}^{(2)}$ を成分で表すことによって,式 (1.25) は次式のように書き直すことができます.

$$\begin{bmatrix} U_1^* & U_2^* & U_3^* \end{bmatrix} \left(\dfrac{2EA}{L}\begin{bmatrix} 1 & -1 & 0 \\ -1 & 2 & -1 \\ 0 & -1 & 1 \end{bmatrix} \begin{Bmatrix} U_1 \\ U_2 \\ U_3 \end{Bmatrix} + \begin{Bmatrix} \dfrac{\rho g AL}{4} + P \\ \dfrac{\rho g AL}{2} \\ \dfrac{\rho g AL}{4} \end{Bmatrix} \right) = 0$$
$$(1.26)$$

式 (1.26) が，任意の仮想節点変位 U_1^*, U_2^*, U_3^* について成立する条件から，**全体剛性方程式**として次式を得ます．

$$\frac{2EA}{L}\begin{bmatrix} 1 & -1 & 0 \\ -1 & 2 & -1 \\ 0 & -1 & 1 \end{bmatrix}\begin{Bmatrix} U_1 \\ U_2 \\ U_3 \end{Bmatrix} = -\begin{Bmatrix} \dfrac{\rho g AL}{4} + P \\ \dfrac{\rho g AL}{2} \\ \dfrac{\rho g AL}{4} \end{Bmatrix} \quad (1.27)$$

④システム方程式の導出

全体剛性方程式 (1.27) は，3 元の連立一次方程式の形をしていますが，直接解いて，節点変位 U_1, U_2, U_3 を求めようとしても，係数マトリクスが特異となり，解を求められません．これは物理的には，剛体運動が拘束されていないことに対応しています．そこで，天井，すなわち $x = L$ における幾何学的（変位）境界条件を考慮して次式を得ます．

$$\frac{2EA}{L}\begin{bmatrix} 1 & -1 & 0 \\ -1 & 2 & -1 \\ 0 & -1 & 1 \end{bmatrix}\begin{Bmatrix} U_1 \\ U_2 \\ U_3 = 0 \end{Bmatrix} = -\begin{Bmatrix} \dfrac{\rho g AL}{4} + P \\ \dfrac{\rho g AL}{2} \\ \dfrac{\rho g AL}{4} \end{Bmatrix} \quad (1.28)$$

すなわち，次式が得られます．

$$\frac{2EA}{L}\begin{bmatrix} 1 & -1 \\ -1 & 2 \end{bmatrix}\begin{Bmatrix} U_1 \\ U_2 \end{Bmatrix} = -\begin{Bmatrix} \dfrac{\rho g AL}{4} + P \\ \dfrac{\rho g AL}{2} \end{Bmatrix} \quad (1.29)$$

この式を**システム方程式**といいます．

⑤システム方程式の求解

U_1, U_2 についての 2 元の連立一次方程式であるシステム方程式を解いて

$$\begin{Bmatrix} U_1 \\ U_2 \end{Bmatrix} = -\frac{L}{EA}\begin{Bmatrix} \dfrac{\rho g AL}{2} + P \\ \dfrac{3}{8}\rho g AL + \dfrac{P}{2} \end{Bmatrix} \quad (1.30)$$

を得ます．

⑥ひずみと応力の再計算

要素 1，2 におけるひずみ場は式 (1.20) を用いて

$$\begin{cases} \varepsilon^{(1)} = \dfrac{2}{L} \begin{bmatrix} -1 & 1 \end{bmatrix} \begin{Bmatrix} U_1^{(1)} \\ U_2^{(1)} \end{Bmatrix} = \dfrac{2}{L} \begin{bmatrix} -1 & 1 \end{bmatrix} \begin{Bmatrix} U_1 \\ U_2 \end{Bmatrix} = \dfrac{1}{EA} \left(\dfrac{\rho g A L}{4} + P \right) \\ \varepsilon^{(2)} = \dfrac{2}{L} \begin{bmatrix} -1 & 1 \end{bmatrix} \begin{Bmatrix} U_1^{(2)} \\ U_2^{(2)} \end{Bmatrix} = \dfrac{2}{L} \begin{bmatrix} -1 & 1 \end{bmatrix} \begin{Bmatrix} U_2 \\ 0 \end{Bmatrix} = \dfrac{1}{EA} \left(\dfrac{3\rho g A L}{4} + P \right) \end{cases}$$

また，要素 1，2 における応力場は

$$\begin{cases} \sigma^{(1)} = E\varepsilon^{(1)} = \dfrac{\rho g L}{4} + \dfrac{P}{A} \\ \sigma^{(2)} = E\varepsilon^{(2)} = \dfrac{3\rho g L}{4} + \dfrac{P}{A} \end{cases}$$

となります．

　ここで示した有限要素法解析による結果を，厳密解と比較して，**図 1.14** に示します．有限要素法による解は，要素内でひずみ場，応力場は一定であり，要素の境界（この場合には節点 2 の位置）では，それらの値は不連続になります．一方，厳密解は x に関して線形になります．また，要素のひずみ，応力は線形に分布する値の平均値になります．

　すなわち，変位場に関して，厳密解は x に関する二次関数になるのに対して，有限要素法による解は，それぞれの要素内で線形に変化します．しかしながら，すべての節点での変位は，厳密解と完全に一致します．

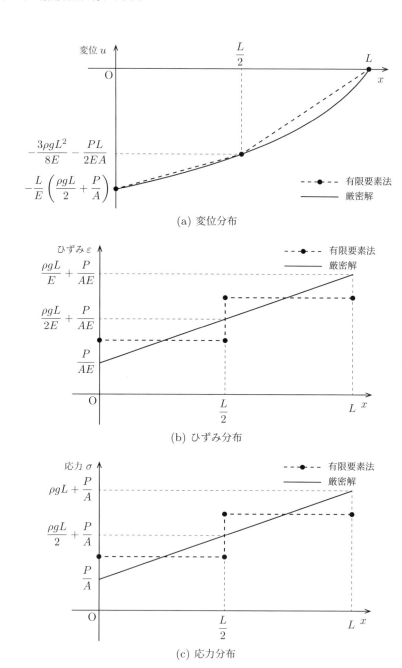

図 1.14 有限要素法による解と厳密解との比較

1.4 有限要素法の基本原理

コラム：天井からつるした丸棒の関数の厳密解

この問題についての基礎方程式と境界条件式は，次式のように表されます．

- 応力で表した平衡方程式 : $\dfrac{d\sigma_x}{dx} - \rho g = 0$
- ひずみ-変位関係式 : $\varepsilon_x = \dfrac{du}{dx}$
- 応力-ひずみ関係式 : $\sigma_x = E\varepsilon_x$
- 幾何学的境界条件式 : $u(L) = 0$
- 力学的境界条件式 : $\sigma_x(0) = \dfrac{P}{A}$

上式を解くことによって厳密解（正解）を得ることができます．

$$\sigma_x = \rho g x + \frac{P}{A}$$

$$\varepsilon_x = \frac{\rho g x}{E} + \frac{P}{EA}$$

$$u = \frac{\rho g}{2E}\left(x^2 - L^2\right) + \frac{P}{EA}(x - L)$$

1.4.5 ◆ 要素剛性マトリクス

一般に有限要素の変位場 $\mathbf{u}^{(e)}$ は，形状関数マトリクス $\mathbf{N}^{(e)}$ を用いて次式で表されます．

$$\mathbf{u}^{(e)} = \mathbf{N}^{(e)}\{U^{(e)}\} \tag{1.31}$$

ここに $\{U^{(e)}\}$ は，要素の節点変位自由度を並べた節点変位ベクトルです．

$\mathbf{u}^{(e)}$ は前の1.4.4項で示したような一次元問題の場合 $\mathbf{u}^{(e)} = u^{(e)}$，三次元問題の場合は $\mathbf{u}^{(e)} = \{u^{(e)} \quad v^{(e)} \quad w^{(e)}\}^T$ となります．

また，変位場を微分することにより，ひずみ場 $\hat{\varepsilon}^{(e)}$ は，マトリクス $\mathbf{B}^{(e)}$ を用いて次式で表されます．

$$\hat{\varepsilon}^{(e)} = \mathbf{B}^{(e)}\{U^{(e)}\} \tag{1.32}$$

$\hat{\varepsilon}^{(e)}$ は，一次元問題の場合は $\hat{\varepsilon}^{(e)} = \varepsilon_x^{(e)}$，三次元問題の場合は $\hat{\varepsilon}^{(e)} = \{\varepsilon_x^{(e)} \quad \varepsilon_y^{(e)} \quad \varepsilon_z^{(e)} \quad \gamma_{xy}^{(e)} \quad \gamma_{yz}^{(e)} \quad \gamma_{zx}^{(e)}\}^T$ となります．

このとき，式(1.10)に示したように線形弾性を仮定すると，応力場 $\hat{\sigma}^{(e)}$ は

弾性マトリクス $\mathbf{D}^{(e)}$ を用いて，次式で表されます．

$$\hat{\boldsymbol{\sigma}}^{(e)} = \mathbf{D}^{(e)} \hat{\boldsymbol{\varepsilon}}^{(e)} \tag{1.33}$$

$\hat{\boldsymbol{\sigma}}^{(e)}$ は，一次元問題の場合は $\hat{\boldsymbol{\sigma}}^{(e)} = \sigma_x^{(e)}$，三次元問題の場合は $\hat{\boldsymbol{\sigma}}^{(e)} = \{\sigma_x^{(e)} \ \sigma_y^{(e)} \ \sigma_z^{(e)} \ \tau_{yz}^{(e)} \ \tau_{zx}^{(e)} \ \tau_{xy}^{(e)}\}^T$ となります．

一方，仮想仕事の原理において内力の仮想仕事は，次式のように表されます．

$$\iiint_V \hat{\boldsymbol{\varepsilon}}^{*T} \hat{\boldsymbol{\sigma}} \, dxdydz = \left\{U^{*(e)}\right\} \iiint_V \mathbf{B}^{(e)T} \mathbf{D}^{(e)} \mathbf{B}^{(e)} \, dxdydz \tag{1.34}$$

したがって，要素剛性マトリクス $\mathbf{k}^{(e)}$ は次式のように定義されます．

$$\mathbf{k}^{(e)} \equiv \iiint_{V^{(e)}} \mathbf{B}^{(e)T} \mathbf{D}^{(e)} \mathbf{B}^{(e)} \, dxdydz \tag{1.35}$$

すなわち，要素剛性マトリクスは被積分関数を $\mathbf{B}^{(e)T} \mathbf{D}^{(e)} \mathbf{B}^{(e)}$ とする体積積分（二次元問題では面積積分，一次元問題では線積分）として定式化されます．

前項での例では，式 (1.22) に示したように，この積分を解析的に計算できました．しかしながら，一般に，この積分を解析的に計算するのは困難なので，数値積分によって求めます．そのために，適切な数値積分法を用いる必要があります．

数値積分において値を評価する位置を**積分点**といいます．なお，要素ごとに数値積分点が決まっています．

また，通常，ひずみ成分や応力成分は数値積分点で評価されます．

1.4.6 ◆ 有限要素法解析手順

前述したような変位法に基づく有限要素法解析を，実際のソフトウェアを使って実施する手順をまとめて**図1.15**に示します．

ここでは，それぞれの処理の概要を，前述した有限要素法の基本手順と関連づけながら説明します．

①**解析対象の形状を定義する**

解析対象となる領域 V の外形線を用いて定義します．具体的には，ソフトウェアの前処理機能が有するスケッチ機能を利用したり，別のCADソフトウェアで定義したCADデータを利用して実施します．

1.4 有限要素法の基本原理

前処理
（プリ処理）
① 解析対象の形状を定義する
② 材料物性値を定義する
③ 境界条件（拘束条件，荷重条件）を設定する
④ 要素の種類の選択と要素分割を行う
⑤ 解析の種類を選択する

メイン処理
⑥ 解析を実施する

後処理
（ポスト処理）
⑦ 解析結果（変位分布，拘束点反力，ひずみ分布，応力分布）を評価する

図 1.15　有限要素法による解の実施手順

②材料物性値を定義する

解析対象を構成する材料の物性値を定義します．例えば等方性線形弾性体であれば，ヤング率 E とポアソン比 ν を数値入力します．

③境界条件（拘束条件，荷重条件）を設定する

定義した解析対象の外形線に対して，拘束条件や荷重条件を与える領域を指定し，拘束条件や荷重条件を設定します．

④要素の種類の選択と要素分割を行う

解析領域を要素に分割する場合に用いる要素の種類を選択します．また，ソフトウェアの前処理機能を用いて要素分割を実施する場合には，その方法を設定します．

⑤解析の種類を選択する

解析の種類を設定します．通常は慣性力を考慮しないことにして，すなわち静的つり合い問題を解くこととして静解析を指定していると思いますが，同じ有限要素モデルを用いて，静解析以外のさまざまな種類の解析が実施可能です．具体的には，構造物の共振振動数を用いる固有振動解析，座屈強度を求める線形座屈固有値解析，過渡応答を求める動的解析などが実施可能です．

⑥解析を実施する

①から⑤の手順により有限要素モデルの入力データが作成され，それを用いて要素剛性マトリクス，要素荷重ベクトルが作成され，それらを組み立てて全体剛性マトリクス，全体荷重ベクトルが算出されます．こうして，各要素で共有される節点の変位をまとめた全体変位ベクトルに関する，**剛性方程式**を得ます．

剛体方程式を，拘束条件を考慮して解くことによって，節点変位が得られます．さらに拘束点反力を求め，要素ごとにひずみ，応力を計算します．

⑦解析結果（変位分布，拘束点反力，ひずみ分布，応力分布）を評価する

ソフトウェアの後処理機能を用いて，解析対象の変位分布，応力・ひずみ分布を可視化します．

また，応力やひずみの最大値の発生点，値を求め，強度評価を実施します．

第 2 章 形状の定義を確認しよう

- **2.1** 次元の低減
  （三次元から二次元へ，軸対称性）
- **2.2** 境界条件の定義
- **2.3** 対称性の導入
- **2.4** CAD データの利用

ある日の会話

有限要素法はどんな形のものでも強度解析ができるってことは，みんな知っているようだけど，その形をどうやって定義しているのか？ってことは，イマイチ理解できないみたいで……．

そんなのソフトウェアの機能を使えばいいだけなのに，さ．

でも，二次元だけしかできないって思われていることが多くて……．

あぁ，そうか！二次元形状で解析する場合もあるけど，形状を押し出したり，回転させたりして三次元形状を作成することもできる，ってことは知られていないのかもね．

三次元 CAD で作成した形状のデータも直接使えるんだよね？

確かに三次元 CAD の利用はたいていの場合は可能だけど，三次元 CAD と有限要素法の解析ソフトウェアでは，要求する形状の精度が異なるので，うまくいかないこともときどきあるよ！
だから，「形状定義の基礎的なことを押さえておく」ことがとても重要なんだ．
なので，ここでは，解析領域の形状の定義方法を学んでおこう！

2.1 次元の低減（三次元から二次元へ，軸対称性）

Point!

- 基礎方程式は三次元問題を対象としていますが，形状や境界条件によっては，必ずしも三次元問題を解く必要はありません．
- 平面応力問題，平面ひずみ問題，軸対称問題として扱えば，二次元問題として解くことができ，計算量を大幅に節約できます．
- 解析モデルの次元を低減して，計算時間を短縮することは，設計解析において解析効率の観点から，非常に意味があります．

2.1.1 次元の低減

　第1章で説明したように，構造物の応力，ひずみ，変形を決定するための基礎方程式は，三次元空間における応力，ひずみ，変位成分に関する偏微分方程式の境界値問題になります．有限要素法を用いて，この基礎方程式の近似解を求めるためには，具体的には三次元有限要素を用いて解析領域を要素分割して解くことになります．

　しかしながら，構造物の形状や，それに加わる荷重状態を考慮することにより，三次元問題を二次元問題に置き換えて「解ける場合」があります．

　具体的には，薄い平板に面内の引張り荷重が加わる場合や，一様断面における柱状の構造物の側壁に一様な分布荷重が加わる場合は，二次元解析を行うことができます．前者を**平面応力問題**，後者を**平面ひずみ問題**といいます．また，中心軸まわりの回転体に対して，周方向に一定の荷重が加わる問題を**軸対称問題**といい，実質的に二次元問題として扱うことができます．

　このような方法を用いることにより有限要素法解析の効率を上げることができます．すなわち，有限要素モデルの節点数や要素数を大幅に減らし，計算時間を節約できます．

　設計解析において，計算時間を短縮することは，最適解を求めるためにさまざまな設計パラメータの変更を行った解析を，限られた時間内に数多く実施で

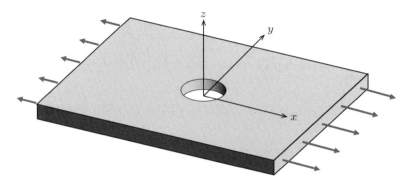

図 2.1 二次元平面応力問題

きることを意味します．また，これによって，与えられた計算時間で，より詳細な解析モデルを用いることが可能になります．

2.1.2 ◆ 二次元平面応力問題

図 2.1 に示すように三次元直交座標系 x, y, z において定義される xy 平面にある薄い平板に，xy 面内の荷重だけが作用する場合を考えます．このとき，板の表面には荷重がなく，また垂直応力もせん断応力も生じないので，板の表面では $\sigma_z = 0, \tau_{yz} = 0, \tau_{zx} = 0$ が成立しています．

板が薄い場合には，板の内部においても，この条件が成立するものと考えることができ，応力成分を次式のように仮定できます．

$$\begin{cases} \sigma_z = 0 \\ \tau_{yz} = 0 \\ \tau_{xz} = 0 \end{cases} \tag{2.1}$$

このとき第 1 章で示した，応力で表した平衡方程式は次式のようになります．

$$\begin{cases} \dfrac{\partial \sigma_x}{\partial x} + \dfrac{\partial \tau_{xy}}{\partial y} + \bar{b}_x = 0 \\ \dfrac{\partial \tau_{xy}}{\partial x} + \dfrac{\partial \sigma_y}{\partial y} + \bar{b}_y = 0 \end{cases} \tag{2.2}$$

また，平面応力状態において成立する等方性材料についての一般化フックの法則は，次式のようになります．

$$\begin{cases} \sigma_x = \dfrac{E}{1-\nu^2}(\varepsilon_x + \nu\varepsilon_y) \\ \sigma_y = \dfrac{E}{1-\nu^2}(\varepsilon_y + \nu\varepsilon_x) \\ \tau_{xy} = G\gamma_{xy} \end{cases} \tag{2.3}$$

ここで，E はヤング率，ν はポアソン比，G はせん断弾性率です．

2.1.3 二次元平面ひずみ問題

図 2.2 に示すように三次元直交座標系 x, y, z において定義される，z 軸方向に一様断面の物体が両端で z 方向変位 $w=0$ の拘束を受け，荷重は xy 平面内の荷重だけで，z 方向に一様分布している場合を考えます．

このとき，ひずみ成分を次式のように仮定できます．

$$\begin{cases} \varepsilon_z = 0 \\ \gamma_{yz} = 0 \\ \gamma_{xz} = 0 \end{cases} \tag{2.4}$$

ここで，平面ひずみ状態における応力で表した平衡方程式は，平面応力状態の場合と同じく式 (2.2) となります．

また，平面ひずみ状態において成立する等方性材料についての一般化フックの法則は，次式のようになります．

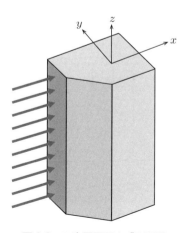

図 2.2 二次元平面ひずみ問題

$$\begin{cases} \sigma_x = \dfrac{E'}{1-\nu'^2}\varepsilon_x + \dfrac{\nu' E'}{1-\nu'^2}\varepsilon_y \\ \sigma_y = \dfrac{\nu' E'}{1-\nu'^2}\varepsilon_x + \dfrac{E'}{1-\nu'^2}\varepsilon_y \\ \sigma_z = \nu(\varepsilon_x + \varepsilon_y) \\ \tau_{xy} = G\gamma_{xy} \end{cases} \quad (2.5)$$

ここに，以下が成立します．

$$\begin{cases} E' = \dfrac{E}{1-\nu^2} \\ \nu' = \dfrac{\nu}{1-\nu} \end{cases} \quad (2.6)$$

2.1.4 ◆ 二次元軸対称問題

図 2.3 に示すように，中心軸まわりの回転体に対して，周方向に一定の荷重が加わる場合を考えます．三次元円筒座標系での平衡方程式において，軸対称性を考慮し，θ での微分を含む項，θ 方向のせん断応力の項を消去して，r 方向，z 方向の平衡方程式として次式が得られます．

$$\begin{cases} \dfrac{\partial \sigma_r}{\partial r} + \dfrac{\sigma_r - \sigma_\theta}{r} + \dfrac{\partial \tau_{rz}}{\partial z} + \bar{b}_r = 0 \\ \dfrac{\partial \tau_{rz}}{\partial r} + \dfrac{\partial \sigma_z}{\partial z} + \dfrac{\tau_{rz}}{r} + \bar{b}_z = 0 \end{cases} \quad (2.7)$$

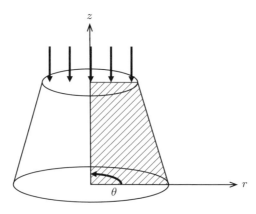

図 2.3 軸対称問題

このとき，ひずみ–変位関係式は次式のようになります．

$$\varepsilon_r = \frac{\partial u_r}{\partial r}, \quad \varepsilon_\theta = \frac{u_r}{r}, \quad \varepsilon_z = \frac{\partial u_z}{\partial z}, \quad \gamma_{zr} = \frac{\partial u_z}{\partial r} + \frac{\partial u_r}{\partial z}$$

また，軸対称問題における等方性材料についての一般化フックの法則は，次式のようになります．

$$\begin{cases} \sigma_r = \dfrac{E}{(1+\nu)(1-2\nu)} \left\{ (1-\nu)\varepsilon_r + \nu\varepsilon_\theta + (1-\nu)\varepsilon_z \right\} \\ \sigma_\theta = \dfrac{E}{(1+\nu)(1-2\nu)} \left\{ \nu\varepsilon_r + (1-\nu)\varepsilon_\theta + \nu\varepsilon_z \right\} \\ \sigma_z = \dfrac{E}{(1+\nu)(1-2\nu)} \left\{ \nu\varepsilon_r + \nu\varepsilon_\theta + (1-\nu)\varepsilon_z \right\} \\ \tau_{rz} = G\gamma_{rz} \end{cases} \quad (2.8)$$

2.2 境界条件の定義

Point!

- 構造解析を実施するためには，その境界（三次元の場合：面，二次元の場合：線，一次元の場合：点）において幾何学的境界条件（変位境界条件または拘束条件）と力学的境界条件（荷重条件）を与える必要があります．
- 静的問題においては，剛体変形を拘束できるような拘束条件が最低限必要です．
- 原則として，解析領域の境界において，拘束条件と荷重条件を与えます．一方，領域や点に，拘束条件や荷重条件を与える場合もあります．

2.2.1 境界条件の分類

第1章で説明したように，静的問題における構造物の応力，ひずみ，変位を決定するための基礎方程式を解くためには，境界条件として，幾何学的境界条件と力学的境界条件を適切に与える必要があります．なお，**図 2.4** に示すように，三次元領域の境界は曲面となり，二次元領域の境界は曲線，一次元領域の境界は点になります．

ここで，**幾何学的境界条件**とは，変位に関する境界条件で，**拘束条件**ともい

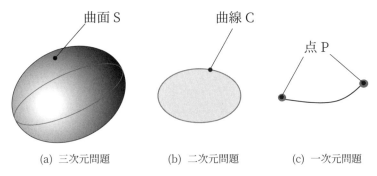

(a) 三次元問題　　(b) 二次元問題　　(c) 一次元問題

図 2.4　領域の境界

2.2 境界条件の定義

います．拘束条件が何もないと，構造物は剛体として自由に移動できてしまうため，静的問題においては，変位は唯一に定まりません．そこで静的問題の解を求めるためには，一般に剛体変形を拘束できるような最小限の拘束条件を与え，それに加えて，実際に拘束している拘束条件を与える必要があります．

一方，**力学的境界条件**とは，構造物の表面への外力として加わる表面力による，荷重条件のことをいいます．

2.2.2 ◆ 拘束条件

三次元構造物の幾何学的境界条件を与える面（幾何学的境界面）は，**図 2.5**(a) に示すような解析領域として定義された三次元形状の表面になります．このような面に対して，変位についての拘束条件を与えます（後述するように，対称条件，反対称条件を与える場合もあります）．

なお，点を直接拘束する場合には，図 2.5(c) に示すように，三次元形状における点を指定します．

2.2.3 ◆ 荷重条件

三次元構造物の力学的境界条件を与える面（力学的境界面）は，図 2.5(a) に示すような解析領域として定義された三次元形状の表面になります．このような面に対して，圧力など表面に分布する荷重条件を与えます．なお，重力などの物体力は境界に作用するのではなく領域に作用するので，物体力による荷重条件を定義するために図 2.5(b) に示すような領域を指定します．

また，集中力は点に直接作用するので，図 2.5(c) に示すように三次元形状における点を指定して定義します．

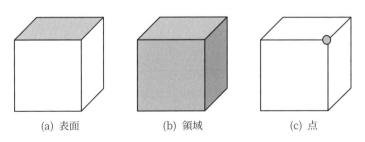

(a) 表面　　　　(b) 領域　　　　(c) 点

図 2.5　拘束条件・荷重条件の定義

2.3 対称性の導入

 Point!

- 形状と境界条件に対称性がある場合には，解析結果も対称性を有します．このことを利用して，解析モデルの大きさを縮小することができます．
- 対称性を利用する場合には，対称面・線・点上の変位成分に適切な拘束条件を与えます．
- 対称面・線・点に集中荷重を与える場合には，その値に留意する必要があります．

解析対象の形状と境界条件に対称性がある場合には，解析対象領域を縮小することができます．その場合，有限要素モデルにおいて対称面・線・点上の変位に適切な拘束条件を与える必要があります．

ここでは，例として，**図 2.6** に示すように二次元面内に一様引張り荷重を受ける円孔つき薄肉正方形平板の応力解析を実施することを考えます．ただし，平板の厚さは，長さ，厚さに比べて十分に小さいとします．

薄板の面内荷重問題ですので，前述したように平面応力状態を仮定でき，二次元平面応力問題として扱えます．

さらに，この問題は形状も荷重も，上下対称，左右対称です．したがって，この問題は，図 2.6(b), (c) に示すように，上半分あるいは右半分だけの領域を解析すれば十分です．

このようなモデルを 1/2 モデルといいます．ただし，対称線上に適切な拘束条件が必要となります．

図 2.6(b) に示す上半分（$y > 0$）を解析領域とする場合を考えます．上半分領域の任意の点 P の y 方向変位を $v(x,y)$ として，x 軸に関する点 P の鏡像点 $P'(x,-y)$ を考えます．y 方向の変位は x 軸について対称であるので，次式が成立します．

$$v(x,y) = -v(x,-y) \tag{2.9}$$

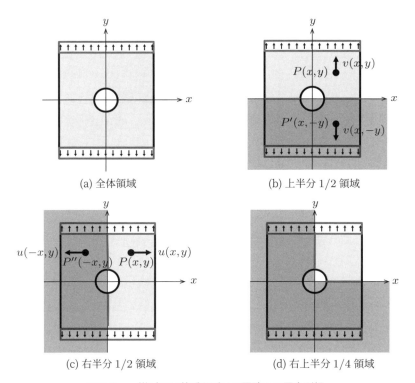

図 2.6 一様引張り荷重を受ける円孔つき正方形板

式 (2.9) において x 軸上の点における y 方向の変位を考えると $v(x,0) = 0$ が成立します．つまり x 軸上において，y 方向の変位 v は 0 にならなければなりません．

さて，図 2.6(c) に示す右半分 ($x > 0$) を解析領域とする場合を考えます．右半分領域の任意の点 P における x 方向変位を $u(x, y)$ として，y 軸に関する点 P の鏡像点 $P''(-x, y)$ を考えます．いま，x 方向の変位は y 軸について対称であるので，次式が成立します．

$$u(x,y) = -u(-x,y) \tag{2.10}$$

上式 (2.10) において，y 軸上の点における x 方向の変位を考えると，$u(0,y) = 0$ が成立します．つまり y 軸上において x 方向の変位 v は 0 にならなければなりません．

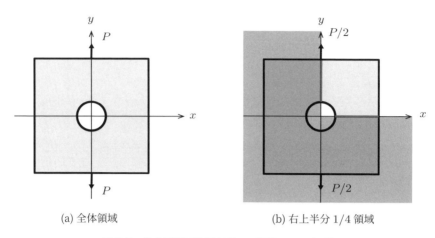

(a) 全体領域　　　　　　　　(b) 右上半分 1/4 領域

図 2.7　集中引張り荷重を受ける円孔つき正方形板

　実はこの問題は上下対称，かつ左右対称であるので，図 2.6(d) に示すように右上半分の領域（$x > 0, y > 0$）を解析すれば十分です．このようなモデルを 1/4 モデルといいます．このとき，前述したような理由により，x 軸上における y 方向変位 v を 0，y 軸上における x 方向変位 u を 0 に拘束すればよいことがわかります．

　さて，**図 2.7** に示すように同じ薄肉円孔つき平板問題で，一様引張り荷重を集中荷重に置き換えた場合の解析を実施することを考えます．この問題の形状は，上下左右対称です．ただし，集中荷重は対称軸〔y 軸〕上に作用しています．したがって，このような場合には，図 2.7(b) に示すように右上半分 1/4 領域をモデル化した上で，y 軸上の x 方向の変位 u と x 軸上の y 方向の変位 v を拘束し，外力を与えます．

　この場合，対称軸上の点に与える集中荷重の値は，実際に与える荷重 P の半分の $P/2$ に設定する必要があります．

2.4 CADデータの利用

> **Point!**
> - 有限要素法解析に用いる形状データとして三次元 CAD で定義される形状データ（CAD データ）を利用することができます．
> - 有限要素法解析では，IGES，STEP などの CAD 中間形式ファイルなどが利用可能です．

2.4.1 CADにおける形状表現

設計業務において，三次元 CAD が広く用いられるようになっています．そして，三次元 CAD のデータ表現方法には，さまざまな方法があります．CSG や B-Rep は，その代表的な表現方法です．

CSG（Constructive Solid Geometry）では，**図 2.8**(a) に示すような三次元形状を，プリミティブと呼ばれる基本的な三次元形状の組み合わせで，図 2.8(b) のように表現します．直方体以外にも，球，円柱，円錐，角錐などのプリミティブがあります．

一方，**B-Rep**（Boundary Representation）では，三次元形状を，独立した複数の面を用いて図 2.8(c) のように表現します．独立した面の状態では，サーフェスモデルになっていますが，これらのサーフェス（面）を縫い合わせることで，空間から切り出され，ソリッドモデルに変換されます．

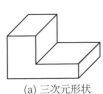
(a) 三次元形状

(b) プリミティブによる表現

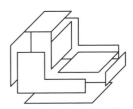
(c) B-Rep による表現

図 2.8 CADにおけるデータ表現

これら三次元形状の表現方法の違いによって，CAD 間におけるデータの受け渡しの際に不具合が生じる場合があるので，事前に表現方法を確認しておくとよいでしょう．

2.4.2　CAD データ

ほとんどの三次元 CAD システムが，形状の生成，編集，削除，演算などの処理に**モデリングカーネル**（Geometric Modeling Kernel）を用いています．このカーネルには，特定の三次元 CAD システムのために独自に開発されたものと，汎用的に開発されたものがあります．後者の代表的なものが，Parasolid，ACIS です．

異なる CAD システムであっても同じカーネルを使用していれば，カーネルのデータ形式でデータを交換することができます．ただし，それぞれの CAD システムが独自に定義している注記や属性情報などは交換できません．なお，カーネルが異なれば，データの直接交換はできません．

したがって，**図 2.9** に示すように，異なる CAD 間では CAD の種類に依存しない中間的な形式でデータを交換します．この形式には IGES や STEP があります．それらは，規格化された標準フォーマットですが，形状によっては，意図する形状が適切に取り込めないことがあることに留意しておく必要があります．

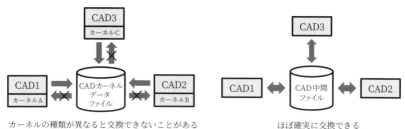

(a) CAD カーネルデータファイルによるデータ交換

(b) CAD 中間ファイルによるデータ交換

図 2.9　異なる CAD 間のデータ交換方法

2.4.3 ◆ 有限要素法解析における三次元 CAD データの利用

　商用の有限要素法システムを用いて有限要素法解析を実施する場合，専用のプリプロセッサー機能を用いて，CAD と同様な操作を行うことにより，形状を定義することもよくあります．一方，商用の有限要素法システムでは，一般に，前述したような CAD に依存しない中間的形式のファイル（CAD 中間ファイル）も，利用可能です．

　また，有限要素法による解析機能が，三次元 CAD に直接組み込まれている商用の有限要素法システムもあります．その場合には，三次元 CAD の機能の一部として，有限要素法解析が実施可能になります．

MEMO

第3章 材料の物性値を正しく入力しよう

3.1 独立な弾性定数の数

3.2 等方性と異方性

3.3 線形と非線形

3.4 積層構造のモデル化

ある日の会話

有限要素法を使う人なら，材料には固有の性質があるってことを知っているよね？

うん！ 金属，ゴム，プラスチックなどでは，重さももちろんだけど，硬さや変形しやすさが異なることは，感覚的にはわかっているんじゃないかな？

でも，どのようにして有限要素法で，その違いを扱っているのか，
がイメージしづらく，わかりにくそうだ……．

変形しやすさを表すには「弾性定数」を使うと便利で，これを使うと，いろいろな材料の性質をきちんと区別して扱えるよ．
だから，まずは弾性係数を理解してもらいたいな．

弾性定数に限らず，材料の性質を適切に与えないと，正しい解析結果が得られないからね．

さらに，非線形の関係式や，複合材料のように，方向によっても性質が変化する材料を扱う方法もあるし……．
ここでは，材料の物性値の表し方と，その与え方を学んでおこう！

3.1 独立な弾性定数の数

 Point!
- 等方性の場合の独立な弾性定数は 2 つです．
- $G = \dfrac{E}{2(1+\nu)}$ の関係があることを覚えておきましょう．

3.1.1 ◆ 等方性の場合の独立な弾性定数は 2 つ

　構造物に使用する材料の性質を記述するには，力が加わったときの変形にかかわる**弾性定数**に加え，必要に応じて破壊の規準を表す**強度**のほか，熱による変形などの場合には，温度変化による伸縮程度を示す**熱膨張係数**や熱の伝導性を示す**熱伝導率**など，材料固有の物性値を用います．

　材料中で方向によってある性質が変化しない場合，その性質に関して材料が**等方性**と定義します．対して，方向で性質が変わる場合は，次の 3.2 節でも説明しますが，**異方性**と定義します．

　弾性的な性質について，等方性材料の場合は，応力とひずみの関係を表すのに必要な独立な弾性定数は 2 つです．これを証明するのはやや面倒ですが，材料の応力-ひずみ関係を，直交した 3 つの軸に沿って，それぞれ向きを変えてみた場合に対称性があることと，ひずみエネルギーを記述する場合に方向性がないこと，の 2 つの条件を使えば導くことができます．この場合の応力-ひずみ関係は，マトリクスの形で書くと，

$$\begin{Bmatrix} \varepsilon_x \\ \varepsilon_y \\ \varepsilon_z \\ \gamma_{yz} \\ \gamma_{zx} \\ \gamma_{xy} \end{Bmatrix} = \begin{bmatrix} \dfrac{1}{E} & -\dfrac{\nu}{E} & -\dfrac{\nu}{E} & 0 & 0 & 0 \\ -\dfrac{\nu}{E} & \dfrac{1}{E} & -\dfrac{\nu}{E} & 0 & 0 & 0 \\ -\dfrac{\nu}{E} & -\dfrac{\nu}{E} & \dfrac{1}{E} & 0 & 0 & 0 \\ 0 & 0 & 0 & \dfrac{1}{G} & 0 & 0 \\ 0 & 0 & 0 & 0 & \dfrac{1}{G} & 0 \\ 0 & 0 & 0 & 0 & 0 & \dfrac{1}{G} \end{bmatrix} \begin{Bmatrix} \sigma_x \\ \sigma_y \\ \sigma_z \\ \tau_{yz} \\ \tau_{zx} \\ \tau_{xy} \end{Bmatrix} \quad (3.1)$$

となります．ここで，E はヤング率，ν はポアソン比，G はせん断弾性率です．

3.1.2 弾性定数の間の関係

式 (3.1) にあるように等方性材料の弾性定数は，通常はヤング率 E，ポアソン比 ν，せん断弾性率 G の 3 つで表しますが，これら 3 つの弾性定数の間には，

$$G = \frac{E}{2(1+\nu)} \tag{3.2}$$

の関係があります．したがって，ソフトウェアによって例えば E と ν の 2 つを与えた場合に，残りの G は上の式を使って「自動的に」計算してくれているか否かが，実際の解析では問題になります．

あるいは，誤って式 (3.2) に反する矛盾した 3 つの弾性定数を入力した場合にはどうなるのでしょうか？　考え始めると，シミュレーション結果をどこまで信頼してよいか，わからなくなってきます．

よくあるトラブルは，ヤング率 E とせん断弾性率 G の 2 つを入力して，ポアソン比 ν がプログラム内で式 (3.2) にしたがって自動的に計算されている際に，これが 0.5 を超えて，弾性力学で規定されるエネルギーの正定値の条件を満たさずにエラーとなる場合です．なぜなら，等方性材料の場合，ポアソン比は，

$$\nu < 0.5$$

である必要があります．なお，$\nu = 0.5$ は材料が**非圧縮**[注1]となる条件であり，例えば物体に全方向から一様な圧力（静水圧）p が加わる場合，p と体積変化率 $e = \Delta V / V$ の関係は，体積弾性率を k とすると

$$e = -\frac{1}{k} p, \quad k = \frac{E}{3(1-2\nu)} \tag{3.3}$$

ですが，$\nu = 0.5$ とすると k が無限大になってしまい，「静水圧によって体積がまったく変化しない」というありえない材料を用いることになってしまいます．さらに $\nu > 0.5$ の場合だと，圧力を加えて縮めようとすると，逆に膨らんでしまうことになります．

なお，以上の議論は二次元問題においても通用することを付記しておきます．なぜなら，独立な弾性定数は 2 つだからです．したがって，上の三次元の場合に示した証明の概略が，二次元の場合にもまったく同じように成り立ち

[注1] 力を加えて変形はしても，体積が変化しない性質

ます．

　さらに付け加えれば，平面応力問題や平面ひずみ問題でも，同じように，独立な弾性定数は2つです．いずれの問題も三次元の問題の中で応力やひずみに仮定を設けているだけなので，本質的には三次元だからです．

　なお，はり理論や板理論など，三次元の問題から簡略化した理論では，本来必要な3つの弾性定数のうち，限られたものしか使わない場合もあります．

　例えば，通常使われるベルヌーイ-オイラーのはり理論では，はりの内部でせん断変形を考えないので，せん断弾性率 G は不要です．また，残りの E と ν のうち，はりの断面変形も考えないので，ν も使われず，指定する弾性定数は E だけです[注2]．

コラム：はり理論

　三次元的な形状をもつ一般の物体の中で，細長い形状のものは棒，柱，あるいははりと呼ばれます．固体力学の分野では，細長い部材がどのような力を受けもつかによって，その呼称を使い分けます．棒は，その長さ方向（軸方向）に引張りや圧縮の荷重（軸方向荷重）を受ける場合の呼び名です．これに対し，柱は特に圧縮荷重を受けるものです．一方，はりは曲げ荷重（横荷重）を受けるものを指します．

　はり理論は，曲げ荷重を受けるはりの挙動を解析するのに，一般の三次元の理論を簡略化して，より簡便に使いやすくした理論です．主なはり理論には，**ベルヌーイ-オイラーのはり理論**と，**チモシェンコのはり理論**があります．

　いずれのはり理論も，軸方向に垂直な断面（はりの断面）は変形しない，つまり「剛体的な挙動をする」という前提に立ちます．しかも，その断面を薄い平面状のものと考えると，この平面は，「はりが変形しても平面のままである」と仮定します．この場合，軸方向の変位の分布を式で書くと，

$$U(x,y,z) = z\beta \tag{a}$$

となります．ここで，β は，はり断面がはりの変形に伴って軸方向に傾く角度です．

　ベルヌーイ-オイラーのはり理論の場合は，はりが変形しても，はりの断面ははりの基準線と垂直を保つと仮定します．これは**ベルヌーイ-オイラーの仮**

注2　主なはり理論には，ベルヌーイ-オイラーのはり理論のほかに，せん断変形を考えるチモシェンコのはり理論（上記コラム参照）があります．

説と呼ばれます．

したがって，はりが変形して，その基準線の変位が w のとき，角度 β は，はりの基準線の傾きと同じで，

$$\beta = -\frac{dw}{dx} \tag{b}$$

と表されます．右辺の負号ははりの基準線の傾きと断面の傾きを表す β のそれぞれの正方向が逆であることから付けられています．

一方，チモシェンコのはり理論では，この断面の傾き角 β が，はりの基準線の傾きとは独立になるように振る舞うと考えます．したがって，変位を表す式は，そのまま式 (a) を使います．β がはりの変位を表すために，独立な量として加わるわけです．

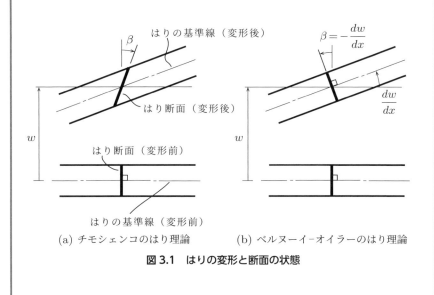

図 3.1 はりの変形と断面の状態

3.2 等方性と異方性

Point!
- 材料は等方性とは限らず，異方性の材料もあります．
- 一方向繊維強化複合材料の独立な弾性定数は 5 個ですが，より一般的な異方性の材料では，独立な弾性定数の数はさらに増えます．
- 異方性材料では，強度などについても異方性を考慮しなければならない場合があります．
- 座標系にしたがって，正しい方向の材料定数を入力しましょう．

3.2.1 等方性材料と異方性材料

材料に力を加えれば変形しますが，材料の種類や成形のしかたによっては力を加える方向によって変形のしかたが異なる場合があります．材料に加わる力（応力）と変形（ひずみ）の関係を記述する物性値を**弾性定数**といいますが，どの方向についても同じ弾性定数で表せる場合に，この材料は変形の性質に関して**等方性材料**と定義します．逆に方向によって変形の性質が変わるものを異方性材料と呼びます．等方性材料では，材料の向きを変えてみても，応力とひずみの関係が変わりません．

また，厳密には若干の異方性があったとしても，ほとんどの金属など，ミクロにみてもその構成に明確な方向性がないものは，一般に等方性材料として扱います．ただし圧延材料のように，材料を整える際に極端な引き延ばしを行うなどして，ミクロな構造にも方向性が認められる場合などは，異方性を導入する必要性を見きわめねばなりません．

さらに，長い繊維を一方向に並べて強化したような**繊維強化複合材料**の場合，最初から異方性を考慮して弾性定数を入力する必要があります．

3.2.2 異方性材料の独立な弾性定数の数

等方性材料の場合は，応力とひずみの関係を表すのに必要になる独立な弾性定数は 2 つであることを前節 3.1 節で述べました．一方，異方性材料の場合，

例えば上述の一方向に硬い繊維が並んだ繊維強化プラスチック複合材料では，繊維方向だけが高い剛性をもち，それ以外の方向には相対的に低い剛性をもっているため，それを考慮する必要があります．

繊維強化複合材料でよく用いられる弾性定数は，x 方向を繊維方向としてマトリクスの形で書けば，

$$\begin{Bmatrix} \varepsilon_x \\ \varepsilon_y \\ \varepsilon_z \\ \gamma_{yz} \\ \gamma_{zx} \\ \gamma_{xy} \end{Bmatrix} = \begin{bmatrix} \frac{1}{E_L} & -\frac{\nu_{TL}}{E_T} & -\frac{\nu_{TL}}{E_T} & 0 & 0 & 0 \\ -\frac{\nu_{LT}}{E_L} & \frac{1}{E_T} & -\frac{\nu_{TT}}{E_T} & 0 & 0 & 0 \\ -\frac{\nu_{LT}}{E_L} & -\frac{\nu_{TT}}{E_T} & \frac{1}{E_T} & 0 & 0 & 0 \\ 0 & 0 & 0 & \frac{1}{G_{TT}} & 0 & 0 \\ 0 & 0 & 0 & 0 & \frac{1}{G_{LT}} & 0 \\ 0 & 0 & 0 & 0 & 0 & \frac{1}{G_{LT}} \end{bmatrix} \begin{Bmatrix} \sigma_x \\ \sigma_y \\ \sigma_z \\ \tau_{yz} \\ \tau_{zx} \\ \tau_{xy} \end{Bmatrix} \quad (3.4)$$

となります．ここで，繊維方向（x 方向）のヤング率を E_L，それに垂直な方向のヤング率を E_T，としています．添字の L, T は繊維方向（longitudinal）とそれに垂直な方向（transverse）に対応しています．この表記にしたがえば，繊維方向とそれに垂直な方向にかかわるポアソン比は ν_{LT}，それ以外に ν_{TL}，ν_{TT} が現れ，せん断弾性率も G_{LT} と G_{TT} が使われる意味が理解できるでしょう．

重要なのは，これらの 7 つの弾性定数のうちで独立なものが 5 個だということです．その理由は，まず上の式 (3.4) の 6×6 のマトリクスが，対称であることが証明されるので[注3]，E_L，E_T，ν_{LT}，ν_{TL} に対して，

$$\frac{\nu_{TL}}{E_T} = \frac{\nu_{LT}}{E_L} \quad (3.5)$$

であることから，ν_{TL} は従属となること，また繊維に垂直な面内の 3 つの弾性定数，E_T，ν_{TT}，G_{TT} の間には，等方性と同じように，

$$G_{TT} = \frac{E_T}{2(1+\nu_{TT})}$$

の関係があることからです．

このように，一方向繊維強化複合材料を例にしても，独立な弾性定数が等方

注3　材料の弾性的挙動を記述するために，ひずみエネルギー密度関数の存在を認めると，その関数の積分可能条件から弾性定数マトリクスの対称性が証明されます．

性の場合の 2 つから，5 つに増えます．より一般的には，各種材料の成り立ちや，特徴によって，違った異方性が考えられます．したがって，有限要素法を使うときには，そのそれぞれに応じて，独立な弾性定数の数をしっかりと把握する必要があります．つまり，異方性材料の場合は等方性に比べて，与えるべき弾性定数の数が増えることを理解しておく必要があります．

簡単なシミュレーションとして，異方性材料を等方性と仮定して解析するような場合もありますが，高精度な解析のためにはその異方性の度合いに見合った，より多くの弾性定数を定めておかなければなりません．

ここでは等方性や異方性といった材料の特性に合わせて，変形の性質を表す弾性定数の数を増減させる必要性について説明しました．一方，破壊や，降伏後の塑性挙動といった構造物の耐荷性能を予測する必要がある場合には，これらの物性値も追加する必要があります．さらに，異方性の場合は等方性の場合よりも一般に入力すべきデータ数が増えて複雑になります．

特に複合材料の強度についての異方性を表すには，弾性定数の異方性よりもはるかに多くの物性値が必要になります．これは，複合材料の場合には，強化している繊維の破壊や，強化されているプラスチックなどの母材の破壊，さらには繊維と母材の界面の破壊もあり，これらが力の方向によって相互に関連して複雑さが増すからです．つまり，破壊の様式が等方性材料に比べて複雑であるということを理解して，それぞれに対して適切な強度や降伏条件の設定を行って，解析に用いる必要があるということです．

3.2.3 弾性定数の方向を間違えないようにしよう

また，弾性定数の方向を間違えて入力してしまうというトラブルもよく発生します．例えば前項 3.2.2 項の式 (3.4) に出てきたヤング率 E_L と E_T ですが，これらは定義にしたがって材料定数として正しい方向（座標系に沿った方向）のものを入力する必要があります．

特に間違えやすいのはポアソン比 ν_{TL} と ν_{LT} です．これらはポアソン比の定義にしたがって，互いに取り違えることがないようにしましょう．特に，炭素繊維複合材料では E_L と E_T は，その値が 2 桁も異なる場合があります．このとき式 (3.5) にしたがえば，ν_{TL} と ν_{LT} も同様に 2 桁違うことになります．

E_L と E_T のどちらか一方を入力すればこの式にしたがって，他方も自動的に計算される場合が多いのですが，どちらに何を入力するかがとても重要であることをおわかりいただけるでしょう．

3.3 線形と非線形

Point!

- 荷重を加えると，ひずみが微小の範囲では，応力とひずみは比例関係を示し，しかも，荷重を除けばもとの状態に戻ります．これを線形弾性と呼びます．
- 非線形現象には，材料に起因する材料非線形と，構造の幾何学的な性質に起因する幾何学的非線形があります．
- 材料非線形が現れる理由には，非線形弾性と塑性，それに部分的な破壊などがあります．
- 大きな変形が生じる場合は幾何学的非線形問題として扱います．この場合，接触の解析も非線形となります．

3.3.1 材料の挙動と構造の挙動

実際の構造物で，荷重や変位などを増加させていくと，最初のうちは荷重と変位が一般に比例関係を示します．

ここでは荷重を与える場合を例にとります．荷重を 2 倍にすれば変位も 2 倍になるといった関係が比例関係で，これを**線形関係**と呼びます．一般に構造内部に生じるひずみが微小な範囲では，応力とひずみに比例関係があります．しかも荷重を除けばもとの状態に戻ります．

これを，線形でしかももとの状態に完全に戻る状態なので，**線形弾性**といいます．線形弾性は，問題の取り扱いが最も簡単な場合です（**図 3.2**(a)）．

ところが，荷重をさらに増やしていくと，「それに対応する変形が比例的には増えなくなる」という場合があります．つまり荷重と変位はもはや比例関係にはないので，これを非線形関係といいます．

この非線形関係が出る原因は大きく 3 つあります．1 つは材料自体が，応力とひずみの間に非線形な関係を示す場合です．これは材料の挙動に起因した非線形性で，**材料非線形**と呼びます．対して，2 つめは構造物の構成が非線形性を生む場合であり，これは構造物の幾何学的な性質に起因するので，**幾何学的非線形**といいます．さらに 3 つめは物体どうしが接触する場合の境界（接触

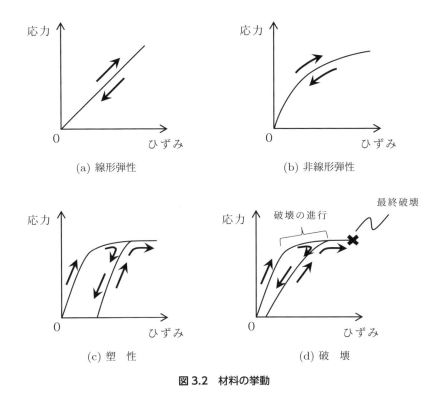

図 3.2　材料の挙動

面）の変化に伴う非線形であり，**境界非線形**と呼びます．

3.3.2 ● 材料非線形

　荷重を大きくしていくと材料が非線形性を示すような場合には，原因が複数存在しえます．1つはゴムのように応力とひずみの間には非線形性がありつつも，弾性的な振る舞いをするものです（図 3.2(b)）．これを**非線形弾性**といいます．もう1つは延性的な金属のように，ある大きさ以上のひずみになると**降伏**が起こり，その後，荷重を除いてもひずみ（**残留ひずみ**）が残ってしまう場合です（図 3.2(c)）．このような状況では材料内部で初期の状態とは異なる何らかの変化が生じたことになります．破壊もこれとよく似た現象です．すなわち，**破壊**はある程度の応力やひずみ以上で材料が壊れ始め，それによって応力-ひずみ関係に非線形が出る場合です．

　一般的にいって降伏と破壊で状況が違う点は，図 3.2(c) で降伏後に荷重を除

荷すると，最初の弾性範囲での傾きとほぼ同じ傾きで除荷されるのに対し，破壊が起きると，戻る際の傾きも変化して，見かけ上もっと軟らかくなる，という点です．これは材料内部に損傷（小さな傷）が蓄積することで起こる現象だといえます．

降伏も破壊も有限要素法に取り込む場合には，一度の計算では現象を追い切れず，繰り返しの計算が必要になります．

3.3.3 幾何学的非線形

図3.3(a)のように2つの部材からなる左右対称のトラス構造を考えてみましょう．荷重 P が小さい間は，変位 δ も小さく，荷重と変位の間にはほぼ線形な関係が成り立つとみなしても差し支えありません．図3.3(b) のように，変形 δ が生じても，これが構造の高さ L に比べて十分小さければ，部材の角度 θ_0 は変化しないとみなすことができるためです．この場合，

$$T = \frac{P}{2\sin\theta_0}$$

となって，部材の軸力 T は加えた荷重 P に比例します．

一方，荷重を増やしていって変位 δ が大きくなると，仮に材料が線形挙動を示していても，トラスの角度 θ が最初の角度 θ_0 から大きく変化した場合，この角度変化を考慮に入れる必要が出てきます．つまり，この場合，

$$T = \frac{P}{2\sin\theta}$$

と表されます（図3.3(c)）．すなわち，T は P のみではなく，P の増加に伴って変化していく θ の関数にもなり，軸力 T は加えた荷重 P に比例しなくなるので，図3.3(d) のように荷重と変位の間に非線形性が現れてきます．このとき，部材が荷重方向に向いてくるので，構造全体としてあたかも硬くなったようにみえるのですが，解析上は構造の形状（いまの場合は部材の角度）が変化しています．したがって正しくシミュレーションするためには，この変化していく状況を有限要素モデルに取り込む必要があります．

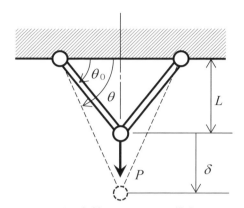

(a) 2 部材からなるトラス構造

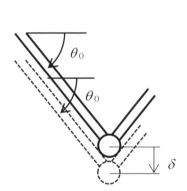

(b) 変位 δ が微小の場合

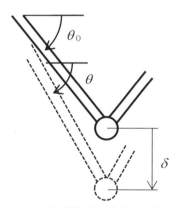

(c) 変位 δ が大きい場合

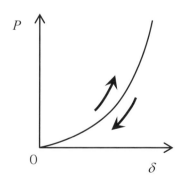

(d) 荷重と変位の関係

図 3.3　幾何学的非線形

3.3.4 境界非線形

　前項までに説明した材料の非線形がなく，また構造的形状変化に起因する幾何学的非線形もない場合でも，**接触問題**などでは非線形を扱う必要があります．

　2つの物体，例えば平板に球を近づけていく場合を想定しましょう．球が平板に接触するまでは，それぞれは変形が起こらず，応力も発生しませんが，接触した時点から，お互いに力をおよぼし始めます．つまりこの時点から構造の変形解析が始まります．これが接触問題です．

　さらに，球を平板に押し付けていくと，お互いが接触する面積が増えていく，あるいは接触する場所が変わっていくはずです．この接触状態が変化していくところが，有限要素法では厄介な問題です．なぜなら，最初から接合されている対象を扱う問題では，それぞれの部分の要素が接合されていて，つまりは節点が共有されていますが，接触問題では，どの範囲が付いているかが計算途上で時々刻々と変化することになるからです．接触面が変わっていくわけです．

　つまり，極言すれば解析するモデル自体が徐々に変化していくようなものです．さらには，2つの物体のそれぞれの節点が一致していないような接触も普通に起こりえます．

　このような接触問題は，計算の各ステップで，どこが，どう接触しているかを判定しながら計算を進める必要があるため，非線形問題として扱われます．なお，この分野での基礎理論としてはヘルツの接触理論がよく用いられます．ヘルツの接触理論は接触領域が十分小さく，かつ均質な材料でできた物体での線形弾性範囲内での変形に限られますが，幅広く使われている理論です．

コラム：ヘルツの接触理論

ヘルツの接触理論は，ドイツの物理学者であるハインリッヒ・ヘルツ (Heinrich Rudolf Hertz, 1857–1894) によって提唱された接触に関する理論で，接触問題の基礎として多く用いられています．

ヘルツの接触理論は，

- 生じるひずみは微小で，弾性範囲内である．
- 2つの物体は，点（三次元物体）または線（二次元物体）から接触が起こるような単純な形状である．
- 接触領域のまわりは半無限領域とみなせる．つまり，それぞれの物体の形状は接触領域の状態に影響しない．
- 接触面での摩擦はなく，引張り力も働かない．

という仮定の下に成り立ちます．

ヘルツは接触領域の最初の表面形状が，それぞれ二次曲面で与えられると仮定した上で，接触面が楕円領域になると考えました．ここから弾性変形の式を使っていくと，接触面でお互いがおよぼし合う圧縮力が計算できます．

特に，2つの物体の接触領域の表面形状が，それぞれ半径 R_1, R_2 の球面で与えられる場合は，接触面は円になります．このとき，それぞれの物体のヤング率とポアソン比を E_1, E_2, ν_1, ν_2 として，接触圧力 p は，

$$p = p_0 \left\{ 1 - \left(\frac{r}{a}\right)^2 \right\}^{1/2}$$

と与えられます．ここで，

$$p_0 = \frac{2\delta}{\pi a} \frac{1}{\dfrac{1-\nu_1^2}{E_1} + \dfrac{1-\nu_2^2}{E_2}}$$

で，δ は接触してからの押付け量，a は接触領域の半径で，

$$a = \frac{\pi p_0 R}{2} \left(\frac{1-\nu_1^2}{E_1} + \frac{1-\nu_2^2}{E_2} \right) \quad \left(\frac{1}{R} = \frac{1}{R_1} + \frac{1}{R_2} \right)$$

です．

3.4 積層構造のモデル化

> **Point!**
> - 繊維強化複合材料は，多くの場合，積層板として使います．
> - 積層板を扱う際に使用する基本の理論は古典積層理論です．
> - 古典積層理論では，積層板の「板」としての挙動はわかっても，それぞれの層の破壊などの，詳細までは予測できません．

3.4.1 複合材料の積層板

　最近一般に使われるようになった複合材料の積層板のモデル化について考えましょう．3.2節（59〜61ページ）で異方性の弾性定数について解説し，例として一方向繊維強化複合材料を取り上げました．複合材料を実際に航空機などに使用する場合，このような繊維強化複合材料の薄い層を，何層にも重ねた構造にするのが通常です（**図 3.4**）．それぞれの層がもつ繊維方向の優れた特性を，複数の方向で発揮させたいからです．それでは，このように層を重ねて積層したものを数値解析ではどのように扱えばよいのでしょうか．

　複合材料を重ねて積層する場合，でき上がったものが薄い板（**積層板**）になっている場合が多いので，これを薄板として扱うことを考えます．薄板であ

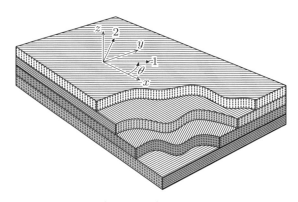

図 3.4　繊維が入った層が積層された板（積層板）

れば，積層板全体でも，またそれぞれの層単体でも，「板厚方向の応力やひずみは考えない」ということにできます．

そこで，この節では積層板の性質を示す，板としての剛性を計算する方法を示します．

3.4.2 ◆ 積層板の解析上の扱い方〜古典積層理論

積層板を扱う際によく使われている，**古典積層理論**について解説します．まず，3.2 節で示した三次元の応力-ひずみ関係のうち，xy 面内の関係するところだけを取り出して，

$$\begin{Bmatrix} \varepsilon_1 \\ \varepsilon_2 \\ \gamma_{12} \end{Bmatrix} = \begin{bmatrix} \dfrac{1}{E_L} & -\dfrac{\nu_{TL}}{E_T} & 0 \\ -\dfrac{\nu_{LT}}{E_L} & \dfrac{1}{E_T} & 0 \\ 0 & 0 & \dfrac{1}{G_{LT}} \end{bmatrix} \begin{Bmatrix} \sigma_1 \\ \sigma_2 \\ \tau_{12} \end{Bmatrix} \tag{3.6}$$

と表します．ただし，3.2 節では繊維が x 方向に向いていることを前提にしていましたが，複合材料の積層の場合，積層板の x 軸が必ずしも各層の繊維方向と一致しないので，これらの各層の繊維方向を，数字を使って 1 軸とし，それに直交する板面内の方向を 2 軸としています（図 3.4）．

繊維方向のヤング率などは，3.2 節（59〜61 ページ）と同様に E_L, E_T などとしています．添字の L, T は繊維方向（longitudinal）と，それに垂直な方向（transverse）に対応しています．式 (3.6) の逆関係は，

$$\begin{Bmatrix} \sigma_1 \\ \sigma_2 \\ \tau_{12} \end{Bmatrix} = \begin{bmatrix} Q_{11} & Q_{12} & 0 \\ Q_{21} & Q_{22} & 0 \\ 0 & 0 & Q_{66} \end{bmatrix} \begin{Bmatrix} \varepsilon_1 \\ \varepsilon_2 \\ \gamma_{12} \end{Bmatrix} = [Q] \begin{Bmatrix} \varepsilon_1 \\ \varepsilon_2 \\ \gamma_{12} \end{Bmatrix} \tag{3.7}$$

と求められて，右辺のマトリクスの成分 Q_{ij} は，

$$\begin{cases} Q_{11} = \dfrac{E_L}{1-\nu_{LT}\nu_{TL}}, & Q_{12} = \dfrac{\nu_{LT}E_T}{1-\nu_{LT}\nu_{TL}} = Q_{21} \\ Q_{22} = \dfrac{E_T}{1-\nu_{LT}\nu_{TL}}, & Q_{66} = G_{LT} \end{cases} \tag{3.8}$$

となります．

ここで，それぞれ別の層では繊維が並んでいる向きが違うことに注意が必要

です．そのため，各層を重ねた場合は各々の層が xy 方向でみると違った性質を示すことになります．それゆえ，これらの層を重ねることを考えて，各層の応力-ひずみ関係を，座標変換して xy 方向の関係式で表しておく必要があります．その変換式が次式です．

$$\left\{\begin{array}{c}\sigma_1 \\ \sigma_2 \\ \tau_{12}\end{array}\right\} = [T] \left\{\begin{array}{c}\sigma_x \\ \sigma_y \\ \tau_{xy}\end{array}\right\} \tag{3.9}$$

ここで，マトリクス $[T]$ は，座標変換マトリクスで，

$$[T] = \begin{bmatrix} \cos^2\theta & \sin^2\theta & 2\cos\theta\sin\theta \\ \sin^2\theta & \cos^2\theta & -2\cos\theta\sin\theta \\ -\cos\theta\sin\theta & \cos\theta\sin\theta & \cos^2\theta - \sin^2\theta \end{bmatrix} \tag{3.10}$$

で表されます．角度 θ はそれぞれの層の繊維方向が x 軸となす角度です．ひずみについても同様に，下のような変換式が成り立ちますが，せん断ひずみに $1/2$ がかかっていることに注意してください．

$$\left\{\begin{array}{c}\varepsilon_1 \\ \varepsilon_2 \\ \dfrac{\gamma_{12}}{2}\end{array}\right\} = [T] \left\{\begin{array}{c}\varepsilon_x \\ \varepsilon_y \\ \dfrac{\gamma_{xy}}{2}\end{array}\right\} \tag{3.11}$$

この式を少し書き換えて，

$$\left\{\begin{array}{c}\varepsilon_1 \\ \varepsilon_2 \\ \gamma_{12}\end{array}\right\} = [R][T][R]^{-1} \left\{\begin{array}{c}\varepsilon_x \\ \varepsilon_y \\ \gamma_{xy}\end{array}\right\}, \quad [R] = \begin{bmatrix} 1 & 0 & 0 \\ 0 & 1 & 0 \\ 0 & 0 & 2 \end{bmatrix} \tag{3.12}$$

とします．これから，式 (3.9) と (3.12) を式 (3.7) に代入して，各層の xy 方向の応力-ひずみ関係式は，

$$\left\{\begin{array}{c}\sigma_x \\ \sigma_y \\ \tau_{xy}\end{array}\right\} = [T]^{-1}[Q][R][T][R]^{-1} \left\{\begin{array}{c}\varepsilon_x \\ \varepsilon_y \\ \gamma_{xy}\end{array}\right\} \tag{3.13}$$

と表せます．これを式 (3.8) の Q_{ij} を使って計算しておくと，

$$\left\{\begin{array}{c}\sigma_x\\ \sigma_y\\ \tau_{xy}\end{array}\right\} = \begin{bmatrix}\overline{Q}_{11} & \overline{Q}_{12} & \overline{Q}_{16}\\ \overline{Q}_{12} & \overline{Q}_{22} & \overline{Q}_{26}\\ \overline{Q}_{16} & \overline{Q}_{26} & \overline{Q}_{66}\end{bmatrix}\left\{\begin{array}{c}\varepsilon_x\\ \varepsilon_y\\ \gamma_{xy}\end{array}\right\} \tag{3.14}$$

となります.ここで,それぞれの成分は,式 (3.15) のようになります.

$$\begin{cases}\overline{Q}_{11} = Q_{11}c^4 + Q_{22}s^4 + 2\left(Q_{12} + 2Q_{66}\right)c^2s^2\\ \overline{Q}_{12} = \left(Q_{11} + Q_{22} - 4Q_{66}\right)c^2s^2 + Q_{12}\left(c^4 + s^4\right)\\ \overline{Q}_{22} = Q_{11}s^4 + Q_{22}c^4 + 2\left(Q_{12} + 2Q_{66}\right)c^2s^2\\ \overline{Q}_{16} = \left(Q_{11} - Q_{12} - 2Q_{66}\right)c^3s - \left(Q_{22} - Q_{12} - 2Q_{66}\right)cs^3\\ \overline{Q}_{26} = \left(Q_{11} - Q_{12} - 2Q_{66}\right)cs^3 - \left(Q_{22} - Q_{12} - 2Q_{66}\right)c^3s\\ \overline{Q}_{66} = \left(Q_{11} + Q_{22} - 2Q_{12} - 2Q_{66}\right)c^2s^2 + Q_{66}\left(c^4 + s^4\right)\end{cases} \tag{3.15}$$

ただし,ここでは $c = \cos\theta$, $s = \sin\theta$ と略して記しています.

さて,これだけ準備ができれば,あとは各層を積層する計算をすればよいわけです.そのために,積層した後の板のひずみと曲率を使って,板の厚さ方向の位置 z でのひずみを,

$$\left\{\begin{array}{c}\varepsilon_x\\ \varepsilon_y\\ \gamma_{xy}\end{array}\right\} = \left\{\begin{array}{c}\varepsilon_x^0\\ \varepsilon_y^0\\ \gamma_{xy}^0\end{array}\right\} + z\left\{\begin{array}{c}\kappa_x\\ \kappa_y\\ \kappa_{xy}\end{array}\right\} \tag{3.16}$$

と表します.ここで,ε_x^0 などの肩に 0 が付いたひずみは板全体の面内ひずみ,κ_x などは板の曲率を表します.式 (3.16) を式 (3.14) に代入すれば,

$$\left\{\begin{array}{c}\sigma_x\\ \sigma_y\\ \tau_{xy}\end{array}\right\}_k = \begin{bmatrix}\overline{Q}_{11} & \overline{Q}_{12} & \overline{Q}_{16}\\ \overline{Q}_{12} & \overline{Q}_{22} & \overline{Q}_{26}\\ \overline{Q}_{26} & \overline{Q}_{26} & \overline{Q}_{66}\end{bmatrix}_k \left(\left\{\begin{array}{c}\varepsilon_x^0\\ \varepsilon_y^0\\ \gamma_{xy}^0\end{array}\right\} + z\left\{\begin{array}{c}\kappa_x\\ \kappa_y\\ \kappa_{xy}\end{array}\right\}\right) \tag{3.17}$$

となりますが,ここで添字の k はいまの場合,板の下側から数えて第 k 層を表します(**図 3.5**).さらに,各層を重ねた板としての剛性を求めるために,まず応力を板の厚さ方向に積分した板の単位幅あたりの力 N_x など

$$N_x = \int_{-\frac{t}{2}}^{\frac{t}{2}} \sigma_x\, dz = \sum_{k=1}^{N}\left\{\int_{z_{k-1}}^{z_k} (\sigma_x)_k\, dz\right\} \tag{3.18}$$

および,モーメント M_x など

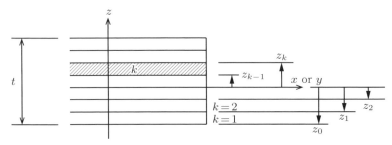

図 3.5　積層板の層番号と座標

$$M_x = \int_{-\frac{t}{2}}^{\frac{t}{2}} \sigma_x z\, dz = \sum_{k=1}^{N} \left\{ \int_{z_{k-1}}^{z_k} (\sigma_x)_k\, z\, dz \right\} \tag{3.19}$$

を定義します．同様にすべての板の力とモーメントを書くと

$$\begin{Bmatrix} N_x \\ N_y \\ N_{xy} \end{Bmatrix} = \int_{-\frac{t}{2}}^{\frac{t}{2}} \begin{Bmatrix} \sigma_x \\ \sigma_y \\ \tau_{xy} \end{Bmatrix} dz$$

$$= \sum_{k=1}^{N} \begin{bmatrix} \overline{Q}_{11} & \overline{Q}_{12} & \overline{Q}_{16} \\ \overline{Q}_{12} & \overline{Q}_{22} & \overline{Q}_{26} \\ \overline{Q}_{16} & \overline{Q}_{26} & \overline{Q}_{66} \end{bmatrix}_k \left(\int_{z_{k-1}}^{z_k} \begin{Bmatrix} \varepsilon_x^0 \\ \varepsilon_y^0 \\ \gamma_{xy}^0 \end{Bmatrix} dz + \int_{z_{k-1}}^{z_k} \begin{Bmatrix} \kappa_x \\ \kappa_y \\ \kappa_{xy} \end{Bmatrix} z\, dz \right)$$

$$\begin{Bmatrix} M_x \\ M_y \\ M_{xy} \end{Bmatrix} = \int_{-\frac{t}{2}}^{\frac{t}{2}} \begin{Bmatrix} \sigma_x \\ \sigma_y \\ \tau_{xy} \end{Bmatrix} z\, dz$$

$$= \sum_{k=1}^{N} \begin{bmatrix} \overline{Q}_{11} & \overline{Q}_{12} & \overline{Q}_{16} \\ \overline{Q}_{12} & \overline{Q}_{22} & \overline{Q}_{26} \\ \overline{Q}_{16} & \overline{Q}_{26} & \overline{Q}_{66} \end{bmatrix}_k \left(\int_{z_{k-1}}^{z_k} \begin{Bmatrix} \varepsilon_x^0 \\ \varepsilon_y^0 \\ \gamma_{xy}^0 \end{Bmatrix} z\, dz + \int_{z_{k-1}}^{z_k} \begin{Bmatrix} \kappa_x \\ \kappa_y \\ \kappa_{xy} \end{Bmatrix} z^2\, dz \right)$$

となり，これらの右辺にある積分の箇所の計算を行うと，

$$\begin{Bmatrix} N_x \\ N_y \\ N_{xy} \end{Bmatrix} = \begin{bmatrix} A_{11} & A_{12} & A_{16} \\ A_{12} & A_{22} & A_{26} \\ A_{16} & A_{26} & A_{66} \end{bmatrix} \begin{Bmatrix} \varepsilon_x^0 \\ \varepsilon_y^0 \\ \gamma_{xy}^0 \end{Bmatrix} + \begin{bmatrix} B_{11} & B_{12} & B_{16} \\ B_{12} & B_{22} & B_{26} \\ B_{16} & B_{26} & B_{66} \end{bmatrix} \begin{Bmatrix} \kappa_x \\ \kappa_y \\ \kappa_{xy} \end{Bmatrix}$$

および，

$$\begin{Bmatrix} M_x \\ M_y \\ M_{xy} \end{Bmatrix} = \begin{bmatrix} B_{11} & B_{12} & B_{16} \\ B_{12} & B_{22} & B_{26} \\ B_{16} & B_{26} & B_{66} \end{bmatrix} \begin{Bmatrix} \varepsilon_x^0 \\ \varepsilon_y^0 \\ \gamma_{xy}^0 \end{Bmatrix} + \begin{bmatrix} D_{11} & D_{12} & D_{16} \\ D_{12} & D_{22} & D_{26} \\ D_{16} & D_{26} & D_{66} \end{bmatrix} \begin{Bmatrix} \kappa_x \\ \kappa_y \\ \kappa_{xy} \end{Bmatrix}$$

が得られます．ここで，$[A_{ij}]$，$[B_{ij}]$，$[D_{ij}]$ は剛性マトリクスと呼ばれ，それぞれ，

$$A_{ij} = \sum_{k=1}^{N} \left(\overline{Q}_{ij}\right)_k (z_k - z_{k-1}) \qquad :\textbf{面内剛性}$$

$$B_{ij} = \frac{1}{2} \sum_{k=1}^{N} \left(\overline{Q}_{ij}\right)_k (z_k^2 - z_{k-1}^2) \qquad :\textbf{カップリング剛性}$$

$$D_{ij} = \frac{1}{3} \sum_{k=1}^{N} \left(\overline{Q}_{ij}\right)_k (z_k^3 - z_{k-1}^3) \qquad :\textbf{曲げ剛性}$$

と呼ばれます．これらの積層板としての剛性を，板要素やシェル要素などに用いれば，積層板の挙動を解析することができます．

3.4.3 積層板の解析上の注意点

上のように求めた剛性を用いれば，積層板を 1 枚の板とみなしたときの挙動を予測することはできます．

ここで，1 つ注意すべき点があります．それは積層板の破壊や損傷といったところまでを解析しようとすると，このような「1 枚の板」としての解析では無理があることです．

つまり，そもそも積層板は，違う方向に繊維が並んでいる別々の性質をもった各層を積層している構造なので，その破壊をみようとすると，やはり各層を別々の要素に分割して，それぞれの層のひずみや応力を詳細に検討していく必要があります．

また，層と層がはがれる**層間はく離**という現象がありますが，これを解析的に見るためにも，やはり層別のモデル化が必要であることはおわかりいただけるでしょう．

上で示した積層板の考え方は，あくまで「積層板の各層をまとめて平均化した均質な板をみている」という点を忘れてはいけません．

MEMO

第4章 境界条件を確認しよう

- **4.1** 少なすぎる拘束，多すぎる拘束
- **4.2** 軸対称問題における拘束と荷重負荷
- **4.3** なめらかな境界と高次要素
- **4.4** 単点拘束条件，多点拘束条件
- **4.5** 対 称 条 件
- **4.6** 周期対称条件

ある日の会話

 有限要素法解析においては，解析対象領域のどこかを拘束する必要があるけど，
正しく拘束しないと，正しい結果が得られないってことを知っておかない，と．

そうだね！　拘束が少なすぎても，多すぎても不自然な変形が生じてしまうことがあるからね．

 拘束条件は節点に与えるのだよね？

うん！　1つの節点にだけ与える場合と，複数の節点に同時に与える方法があるよ．

 拘束の方法にも，いろいろ工夫が必要だということをなかなか伝えづらいなぁ……．

そうだね．対称モデルや軸対称モデルを扱うときなど，いろいろと便利ではあるけど，間違いやすい点もあるからね．
それでは，ここでは，さまざまな境界条件の与え方を学んでおこう！

4.1 少なすぎる拘束，多すぎる拘束

Point!

- 構造物を拘束する際には，剛体変位が起こらないようにする必要があります．
- 実際の条件以上に自由度を拘束すると，誤った結果にいたる可能性があります．
- 飛翔体など，拘束がなく，外力だけでつり合っている解析対象では，仮の拘束で過不足なく剛体運動を止める必要があります．

4.1.1 解析対象の剛体運動の拘束

　有限要素法は力学の法則に対して忠実です．これは有限要素法が力学の原理にしたがってつくられているからです．したがって，構造物の剛体的な動きに対しても同様で，古典力学における剛体自由度の拘束の概念がそのまま通用します．

　剛体とは変形しない固体で，一見，物体の変形を扱う有限要素法とは関係ないように思えるかもしれませんが，変形をみる以前の段階では，扱う対象は，剛体として動かないように拘束されていなければなりません．

　さて，剛体の運動の自由度は6つあります．そのうちの3つは，空間での3方向への並進運動の自由度です．これは大きさのない質点でも同じです．さらに剛体では3つの回転軸まわりの回転運動の自由度があり，これらをまとめて，自由度が6つになります．有限要素法では，これらの剛体的な運動に関する自由度を拘束しておかないと，計算が完結しません．

　最近の有限要素法のソフトウェアでは，入力のミスなどで剛体運動の自由度の拘束が足りない場合には，自動的にソフトウェア内部で拘束を加える，という機能があるものもありますが，この結果，トラブルがあると，どこが自動的にソフトウェアによって拘束されているかがわからなく，対策を打てないという問題が発生しています．ソフトウェアまかせにしすぎず，入力の段階で拘束が十分であることを確認しましょう．

なお，平面問題では，自由度は並進運動の2つと回転運動の1つの合計3つとなります．

4.1.2 ◆ 多すぎる拘束の弊害

材料力学で扱う，はりでの単純支持など，理論上の仮想的な構造物を点で支持する問題は多くあります．こういった場合は，先述の「剛体の拘束が十分か」という問いに対して，各点での拘束をていねいに検討すれば，その答えは比較的容易に出るでしょう．

一方，精度の高い解析結果を得るには，構造物の拘束条件をできるだけ忠実に模擬することがよいのはいうまでもありませんが，念には念を入れて，複数の面で拘束するなど，剛体の運動を止めても余りあるだけの拘束を課す場合が多くあります．

ここで，「面で拘束する」ことは，「その面に含まれるすべての節点の自由度を拘束する」ことを意味します．つまり，シミュレーションの設定として，高次の不静定の状態が多いはずです．**不静定**とは，拘束点での反力を力のつり合いだけからでは求められないような過拘束の状態をいいますが，こういった状態の計算も有限要素法は難なくこなしますので，計算上は特に問題にはならないことが多いのです．

しかし，やたらに実際の状態よりも拘束を増やすのは避けましょう．拘束を過度に増やすことで，実際に生じるであろう応力やひずみ，変形から大幅に逸脱した結果を得る可能性が高まります．

4.1.3 ◆ 空間に浮かぶ物体の拘束

有限要素法では，剛体運動を拘束しておくことが必須です．

しかしながら飛行中の飛翔体や無重量空間の人工衛星，液体中に漂う構造などの解析では，実際には拘束がありません．例えば空中で推進装置で加速している場合などは，推進力とつり合っているのは**慣性力**であり，重力とつり合っているのは揚力や浮力などでしょう．なぜなら，慣性力などを含めれば，その解析対象に加わる外力は必ずつり合っているはずです．

したがって，例えば航空機を解析対象とする場合は，仮の拘束を設けて剛体運動を過不足なく拘束し，あとは外力として慣性力を含めてつり合った力を加えることで解析ができるはずです．

この場合の拘束点は，解析結果で注目している点（応力が大きくなりそうな点）などは避けるべきでしょうが，拘束点での反力が十分に小さいはずなので，原理的にはどこを拘束しても大丈夫です．

　注意すべきは，解析結果において，仮に付与した拘束点での反力を確認することです．外力が正しくつり合っていれば，拘束点での反力は理想的には 0 になるはずだからです．

4.2 軸対称問題における拘束と荷重負荷

Point!
- 軸対称問題では剛体変位の自由度は対称軸方向のみです．
- 対称軸上にある部分のモデル化には注意が必要です．
- 軸対称モデルでの荷重負荷では，周方向にどれだけの角度範囲を想定しているかを確認しましょう．

4.2.1 軸対称解析モデル

第 2 章で述べたように，軸対称物体の解析において，境界条件や荷重条件に軸対称性がある場合は**軸対称問題**と呼びます．この場合，二次元領域で軸対称モデルとして扱うことができますので，当然ながら，この場合は物体の挙動も軸対称になることを前提に解析します．

軸対称問題では，一般の三次元物体がもつ剛体変位の 6 つの自由度に比べ，問題の性質から剛体変位の自由度が減っています．

図 4.1(a) のような圧力容器の解析を軸対称モデルで扱う場合を考えます．図 4.1(b) の軸対称モデルでは，剛体変位の拘束は，軸方向のみを止めれば十分です．この理由を理解するには，半径方向の変位がどういう状況を生むかを考えることが有効です．

弾性力学の教科書に載っている極座標でのひずみ–変位関係式のうちの垂直ひずみに関するものを書くと，

$$\varepsilon_r = \frac{\partial u_r}{\partial r}, \quad \varepsilon_\theta = \frac{\partial u_\theta}{r\partial \theta} + \frac{u_r}{r} \tag{4.1}$$

です．ここで，r, θ は半径方向，周方向の座標で，ε_r, ε_θ はそれぞれの方向の垂直ひずみ，u_r, u_θ はそれぞれの方向の変位です．式 (4.1) の 2 番目の式に着目すると，たとえ周方向変位 u_θ がなくても，半径方向変位 u_r が生じると周方向ひずみ ε_θ が生じます．するとそれに伴って周方向の応力も生まれます．

つまり，半径方向に変位すると，周方向の応力が生じ，変形に対する復元力が生まれます．そのため，半径方向の剛体変位が拘束されているのと同じこと

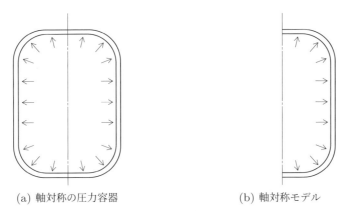

(a) 軸対称の圧力容器　　　　(b) 軸対称モデル

図 4.1　軸対称モデルの利用

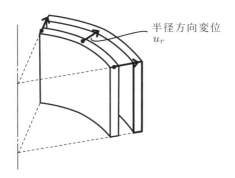

図 4.2　半径方向変位による周方向への膨らみ

になります．これは図 4.1(b) の二次元的な断面をみても理解しにくいですが，**図 4.2** で軸対称容器の一部を三次元的に描いて，その変形をみれば，対称軸から外向きに変位することで，周方向に膨らむことから理解できるでしょう．

これと同じように，図 4.1(b) のモデルが図の面内で回転しようとしても，それぞれの部分が周方向変位を伴うため，この回転の自由度も拘束されていることになります．したがって，軸対称問題で止めなければいけない剛体変位の自由度は唯一，対称軸の方向の自由度となります．

4.2.2　回転対称軸上の部分のモデル化

さて，軸対称モデルをつくる際に 1 つだけ注意すべきことがあります．それは先の図 4.1(b) の圧力容器にもある，回転対称軸上にある要素や節点です．

対称軸上にある節点とは，つまりは圧力容器であれば上下のふた（鏡板）部分の中心です．ソフトウェアによって，それを厳密に指定できれば問題ありませんが，もし，与えるべき半径方向座標 $r = 0$ から，数値誤差などで少しずれているとしたらどうなるでしょうか．例えばプログラムの中で，ごく小さな数 $a(> 0)$ として，$r = a$ になっているとどうなるでしょうか．この場合，容器には半径 a のごく小さな孔が開いていることになります．もし「ここに外から大きな集中荷重が加わる」といった解析をしている場合は，実際には存在しない孔の存在で大きな応力が生じるかもしれません．

したがって，ソフトウェアによっては，対称軸上にあるべき節点がきちんとそのように定義できているかを確認する必要があります．

4.2.3 ◆ 軸対称問題における集中荷重の指定

先述の圧力容器の場合でもそうですが，例えば内圧を与えている場合，ソフトウェアでは，軸対称問題として矛盾がないように自動的に圧力を加えます．

それと同じように，**図 4.3** の円柱への荷重を例にとると，軸対称問題での軸対称モデルにおいては，集中荷重を加えるということは，ソフトウェアの処理としてはあくまで周方向にリング状の荷重を加えていることになることを知っておきましょう．より具体的には，多くのソフトウェアでは，入力する荷重は周方向に 1 周分をすべて足し合わせた荷重として与えます．

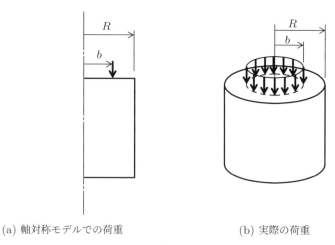

(a) 軸対称モデルでの荷重　　　　(b) 実際の荷重

図 4.3　円柱への荷重負荷

4.3 なめらかな境界と高次要素

Point!
- なめらかな境界形状のモデル化には，高次要素が有効です．
- 高次要素としては，アイソパラメトリック要素が多く使われます．

なめらかな境界の最も簡単な例は，板などに空いた円孔です．これをモデル化する場合に，一次のソリッド要素でモデル化すると節点間が直線で補間されて，多角形の孔になってしまいます（**図 4.4**(a)）．したがって，一般に曲面状の境界をモデル化する場合には，この角のある要素分割が，注目している結果に影響をおよぼさないかに注意が必要です．

そして，なめらかな境界の実現に威力を発揮するのが，例えば二次の四角形**アイソパラメトリック要素**です．この要素では，要素内の変位を二次式で近似すると同時に，境界の形状も二次式で近似できます．

ただし，図 4.4(b) からもわかりますが，要素の辺の中間にも節点があるため，要素数が同じでも節点数が大幅に増え，したがって解析時の自由度も増えます．

(a) 一次四角形要素　　(b) 二次四角形要素

図 4.4 円孔のモデル化（1/4 領域）

コラム：円弧はりのモデル化

図 4.5 のような円弧状の曲がりはりを考えます．

このとき，自由度を同程度にとるために，図 4.5(a) では一次要素を使ってはりの厚さ方向に 2 つの要素に分割する一方，図 4.5(b) では二次要素を使って厚さ方向に 1 要素だけにします．

したがって，はりは右下の荷重点近くではせん断変形が大きく出る一方，左上の固定端付近では大きな曲げが加わります．

このような場合，ひずみが要素内で一次関数になるため，二次要素ではせん断ひずみの解析結果による分布が実際とくい違う可能性があり，使い方には注意が必要です．

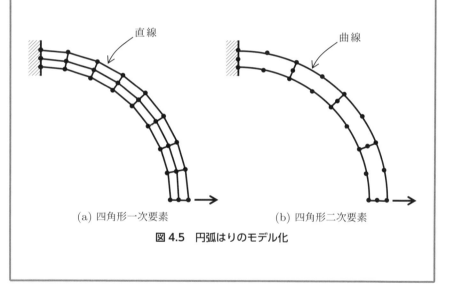

(a) 四角形一次要素　　(b) 四角形二次要素

図 4.5　円弧はりのモデル化

4.4 単点拘束条件，多点拘束条件

> **Point!**
> - 節点自由度に直接与える拘束条件を，単点拘束条件といいます．
> - 複数個の節点自由度を用いて記述される拘束条件を，多点拘束条件といいます．
> - 多点拘束条件式の定義式における最初の節点自由度は，従属変数になり，システム方程式の未知変数から消去されます．

4.4.1 単点拘束条件

　第 2 章で述べたように，拘束条件は，境界上あるいは領域内の点で与えられます．したがって，解析領域は有限要素でモデル化されるので，境界を表す曲面や曲線は要素を構成する面や線で表されます．そのような面や線は節点から構成されるので，結局，拘束条件は節点に課せられることになります．

　有限要素モデルにおいて，節点には自由度を割り当てられます．例えば三次元連続体要素の場合，節点に 3 方向の並進変位成分が割り当てられます．具体的には，節点 I の x,y,z 軸方向変位を u_I, v_I, w_I と表すと，拘束条件式は次式のように表されます．

$$u_I = \overline{u}_I, \quad v_I = \overline{v}_I, \quad w_I = \overline{w}_I \tag{4.2}$$

ここで右辺の $\overline{u}_I, \overline{v}_I, \overline{w}_I$ は節点変位の拘束値で，0 以外の値も与えることができます．

　このように節点自由度に直接拘束条件を与える場合を**単点拘束**，あるいは **SPC**（Single Point Constraint）といいます．

　単点拘束の場合，1 つの単点拘束式を与えることにより，有限要素モデルのシステム方程式の未知変数を 1 つ減らすことになります．

4.4.2 多点拘束条件

　図 4.6 に示すような，内圧を受ける円筒の二次元平面ひずみモデルを考えま

す．形状と荷重の対称性を考慮して，その 30° 部分をモデル化することにします．x 軸上の節点 I の y 軸方向変位成分 v_I は，対称性から $v_I = 0$ とします．この条件は前述した単点拘束となります．一方，30° 方向が x' となるような局所座標系 $x'y'$ を設定します．x' 軸上の節点 J の y' 軸方向変位成分 v'_J は，対称性から $v'_J = 0$ とします．

さて，v'_J は xy 座標系における x, y 軸方向変位成分 u_I, v_I を用いて，$v'_J = -u_J \sin 30° + v_J \cos 30°$ のように表されるので，x' 軸上での対称条件は次式のように表されます．

$$u_J - \sqrt{3} v_J = 0 \tag{4.3}$$

このように，拘束条件が複数個以上の節点自由度で表される場合を，**多点拘束**，あるいは **MPC**（Multiple Point Constraints）といいます．

一般に，変位成分 u_I, v_I, w_I に関する多点拘束条件式は次式のように表されます．

$$\sum_I A_I u_I + \sum_J B_J v_J + \sum_K C_K w_K = 0 \tag{4.4}$$

ここに A_I, B_J, C_K は定数です．

多くの有限要素法解析ソフトウェアにおいて，定義される多点拘束条件式の最初の節点自由度が従属変数となり，残りの節点自由度は独立変数になります．

1 つの多点拘束式は，有限要素モデルのシステム方程式の未知変数を 1 つ減らすことになります．

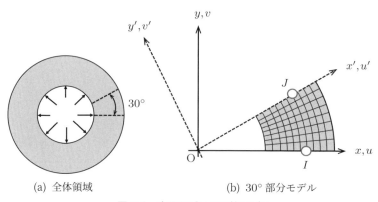

(a) 全体領域　　　　(b) 30° 部分モデル

図 4.6 内圧を受ける円筒モデル

4.5 対称条件

> **Point!**
> - 有限要素モデルにおける対称点，および対称線，対称面上における節点には，対称条件を満足する拘束条件を課す必要があります．
> - 対称面，対称線，対称点上に集中力が作用する場合には，対称性を考慮して適切な値を与える必要があります．

4.5.1 対称条件

第 2 章で述べたように，対称モデルに関する対称条件は，対称面，対称線，対称点の拘束条件として表されます．図 **4.7** に上下辺に一様分布荷重を受ける円孔を有する正方形板の全体領域と，二次元平面応力解析に用いる 1/4 モデルを示します．

対称条件を考慮するために，x 軸上の節点 I の y 方向変位成分 v_I を 0 に，y 軸上の節点 J の x 方向変位成分 u_J を 0 に拘束します．

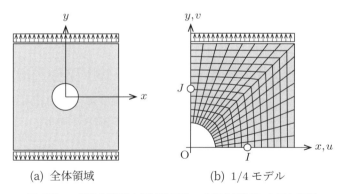

(a) 全体領域 (b) 1/4 モデル

図 **4.7** 一様分布荷重を受ける円孔つき正方形板の 1/4 モデル

4.5.2 対称線上の集中荷重

前述したようなモデルにおいて，一様分布荷重を，対称軸上に作用する集中荷重に変更した場合のモデル化例を**図 4.8** に示します．x, y 軸上の節点変位成分についての拘束条件は変わりませんが，全体モデルに対して，中心軸上の上下方向の集中荷重 P は，1/4 モデルにおいては中心軸上の節点に $P/2$ だけ与えていることに注意する必要があります．

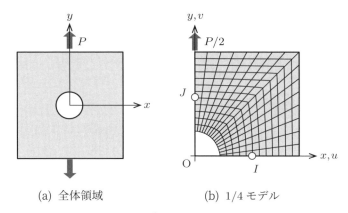

(a) 全体領域　　　　(b) 1/4 モデル

図 4.8 集中荷重を受ける円孔つき正方形板の 1/4 モデル

4.6 周期対称条件

> **Point!**
> - ある形が単位となって，この単位形状（ユニット構造という）の繰返しで全体が形づくられている構造を，周期対称構造といいます．周期対称構造の境界に課す条件を周期対称条件といいます．
> - 有限要素モデルを作成する場合，周期性を与える境界に適切な境界条件を与える必要があります．通常は，多点拘束条件として記述されることになります．

4.6.1 周期対称構造

図 **4.9** に**周期対称構造**の例を示します．周期対称構造は，**ユニット構造**と呼ばれる単位形状が繰り返され全体が形づくられています．この例では，6つのユニット構造が円周方向に連結されています．

周期対称構造に対称性のある荷重が与えられる場合には，周期対称モデルを用いることよって，ユニット構造だけをモデル化して解析できます．この例で

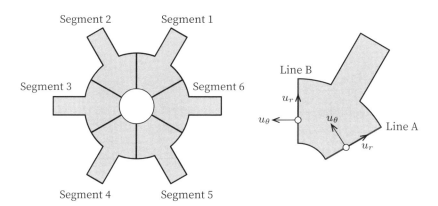

図 4.9 周期対称構造

は，円周方向にユニット構造が連結されているので，直交座標系ではなく極座標系で変位成分を記述してみます．すなわち，セグメント 1 の極座標 $\theta = 30°$ の辺（Line A）での半径方向変位成分を u_r^A，周方向変位成分を u_θ^A，極座標 $\theta = 90°$ の辺（Line B）での半径方向変位成分を u_r^B，周方向変位成分を u_θ^B とすると，周期対称条件は次式のように表されます．

$$u_r^B = u_r^A, \quad u_\theta^B = u_\theta^A \tag{4.5}$$

4.6.2 ◆ 周期対称条件の数式モデル

図 4.9(b) に示したユニット構造（Segment 1）の有限要素モデルを**図 4.10**に示します．極座標系で $\theta = 30°$ となる節点を A とし，対応する $\theta = 90°$ となる節点を B とします．このとき，変位成分を極座標系で表すとすると，節点 A, B に関する周期対称条件も式 (4.5) のように表されます．式 (4.5) は，2 つの変位成分についての多点拘束条件式になります．

一方，変位成分 $u_r^A, u_\theta^A, u_r^B, u_\theta^B$ は xy 座標系での変位成分 u^A, v^A, u^B, v^B を用いて，次式のように表されます．

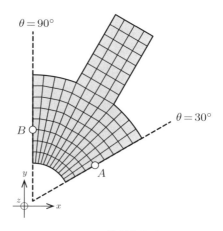

図 4.10 周期対称条件

$$\begin{cases} u_r^A = u^A \cos 30° + v^A \sin 30° \\ u_\theta^A = -u^A \sin 30° + v^A \cos 30° \\ u_r^B = u^B \cos 90° + v^B \sin 90° \\ u_\theta^B = -u^B \sin 90° + v^B \cos 90° \end{cases} \quad (4.6)$$

式 (4.6) を式 (4.5) に代入することにより，周期対称条件は次式のように表されます．

$$\begin{cases} v^B - \dfrac{\sqrt{3}}{2}u^A - \dfrac{1}{2}v^A = 0 \\ u^B - \dfrac{1}{2}u^A + \dfrac{\sqrt{3}}{2}v^A = 0 \end{cases} \quad (4.7)$$

式 (4.7) は，3 つの変位成分についての多点拘束条件式になります．

このように，結果として，変位成分を極座標で表さなくても記述できることがわかります．

MEMO

第5章 荷重の与え方を見直そう

5.1 分布荷重と集中荷重

5.2 表面力と物体力

5.3 オフセット荷重，オフセット要素

5.4 熱荷重

5.5 従動力

ある日の会話

有限要素法解析では，解析対象領域に荷重を加えることが多いけど，正しく荷重を与えないと適正な結果は得られないよ．

扱う荷重として，1か所に集中する力や，表面に分布する力，さらに重力のように解析領域に分布する力など，いろいろなパターンがあるのでやっかいだね…….

実は有限要素法解析モデルでは，力はすべて節点での力に換算されて計算されるよ！
分布荷重が与えられる場合も，等価な集中力に換算されるし．

だから，分布荷重がどのように集中力に振り分けられているのか，
を知っておく必要があるんだ．

荷重のかけ方として，ほかに注意することは何かある？

オフセット荷重とか熱荷重なども，実際の構造解析で扱うことがあるよ．
また，変形が進むと力の向きや大きさが変化する場合は，きちんとそれらを考えながら扱わなければいけないんだ！
ここでは，さまざまな荷重の与え方を学んでおこう．

5.1 分布荷重と集中荷重

> **Point!**
> - 実際の構造物で，厳密な意味での集中荷重はありえません．
> - 有限要素法では，力はすべて節点での節点力で与えられます．
> - 分布荷重は，節点における等価節点力に換算して用います．
> - 等価節点力は，要素の種類によって分配のされ方が異なります．

5.1.1　現実の外力としての分布荷重

有限要素法は，実際の構造物の挙動を模擬する強力なツールです．

その一方で，理想的に設定された机上の問題に対する理論解を確かめるためにも使われます．

例えば，はりに集中荷重を加える問題は，材料力学などの例題にも多く登場するものですが，現実にはこの**集中荷重**という荷重の加え方はほとんど不可能です．なぜなら，集中荷重は構造体の1点に力を加えるわけですが，現実には厳密な意味で1点だけに力を加えることはできないからです．もちろん，有限要素法ではこのような問題でも模擬することは可能で，要素を定義する際に，導入した節点のみに力を加えればよいのです．

5.1.2　集中荷重の導入

有限要素法では1点に集中的に力を加えることは容易にできます．なぜなら，もともと有限要素法では，構造物を要素の集合としてモデル化し，これらの要素をつないでいる箇所を節点として，それぞれの要素内で定義されるすべての変位や荷重を，節点での値を介して表しているからです（節点変位，節点力）．つまり，1点に集中的に力を加えるということは，節点力として，外からの集中荷重を加えるというだけのことです．

また，集中荷重を加えたい点にもし節点がないとしても，モデルを改良してそこに節点を設ければよいだけです．なお，近くの複数の節点に力を割り振る

ことは,1点に加えたい力が分散することになってしまうので,避けるべきでしょう.

5.1.3 ◆ 分布荷重の導入

さて,現実的には,力は分散された荷重,つまり**分布荷重**として構造体に加わりますが,これを有限要素法ではどのように計算に導入するのでしょうか.

二次元の三角形ソリッド要素を例にしてみてみましょう.まず,分布荷重を節点変位に置き換える基本的な考え方は:

$$(要素辺上の仮想変位を通じて分布荷重がなす仮想仕事) \\ = (節点の仮想節点変位を通じて節点力がなす仮想仕事) \quad (5.1)$$

というものです.これにしたがって,三角形要素の1つの辺上に分布荷重 q が作用している場合を考えます.

まず,一次要素の場合には,その長さ l の辺上の,節点1から節点2に向かう自然座標を $r = 0 \sim 1$ として(**図 5.1**),辺上の仮想変位の分布は,

$$u^* = ru_1^* + (1-r)u_2^* \quad (5.2)$$

です.したがって分布荷重 q がなす仮想仕事,すなわち式 (5.1) の左辺は,

$$W^* = \int_0^l qu^* \, dy \quad (5.3)$$

となります.これに式 (5.2) を代入して,自然座標 r と y 座標の関係 $dr = l\,dy$ を用いて,

$$W^* = q\int_0^1 \{ru_1^* + (1-r)u_2^*\} l \, dr \\ = \frac{ql}{2}u_1^* + \frac{ql}{2}u_2^* \quad (5.4)$$

となります.一方,式 (5.1) の右辺は,節点力 X_1, X_2 を用いて,$X_1 u_1^* + X_2 u_2^*$ と表されるので,これらから,

$$X_1 = X_2 = \frac{ql}{2} \quad (5.5)$$

となります.すなわち,長さ l の辺に加わる分布荷重の合計 ql が,2つの節点に「等しく半分ずつ」,集中荷重として加わります.これを分布荷重による**等価節点力**と呼びます.

次に,二次要素の場合にどうなるかもみてみましょう.このとき,同様に長

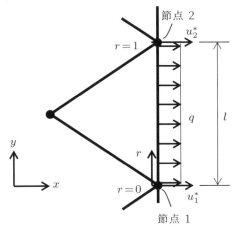

(a) 分布荷重 q

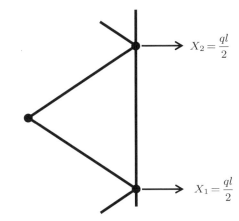

(b) 等価節点力 X_1, X_2

図 5.1 三角形一次要素と分布荷重

さ l の辺上の仮想変位は，

$$u^* = \frac{r^2 - r}{2} u_1^* + \left(-r^2 + 1\right) u_2^* + \frac{r^2 + r}{2} u_3^* \tag{5.6}$$

と表されます．ただし今度は通例にしたがって節点 1 から節点 3 に向かう自然座標を $r = -1 \sim 1$ としています（**図 5.2**）．このとき，式 (5.3) と同じように，分布荷重 q がなす仮想仕事は，

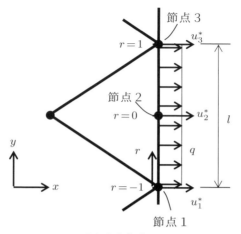

(a) 分布荷重 q

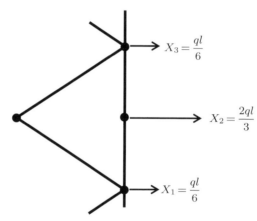

(b) 等価節点力 X_1, X_2, X_3

図 5.2　三角形二次要素と分布荷重

$$\begin{aligned}
W^* &= \int_0^l qu^* \, dy \\
&= q \int_{-1}^1 \left\{ \frac{r^2-r}{2} u_1^* + \left(-r^2+1\right) u_2^* + \frac{r^2+r}{2} u_3^* \right\} \frac{l}{2} \, dr \\
&= \frac{ql}{6} u_1^* + \frac{2ql}{3} u_2^* + \frac{ql}{6} u_3^* \quad (5.7)
\end{aligned}$$

となり，長さ l の辺に加わる分布荷重の合計 ql が，今度は 3 つの節点に，等価

節点力として，
$$X_1 = \frac{ql}{6}, \quad X_2 = \frac{2ql}{3}, \quad X_3 = \frac{ql}{6} \tag{5.8}$$
のような集中荷重の組に分配されます．

したがって，「分布荷重の合計を，ただ単に，3つの節点に等しく分け与えるだけでは，正しい解析につながらない」ことに注意が必要です．

5.1.4 分布荷重による等価節点力で注意すべきこと

上記のとおり，ソリッド要素の場合は，等価節点力は節点変位に対応して，節点での等価節点力である集中荷重のみに変換されます．

それでは，はりのように節点変位が変位と回転で与えられている場合はどうなるでしょうか（**図 5.3**）．このとき，式 (5.1) で与えられる関係から，分布荷重による仮想仕事，つまり，式 (5.1) の左辺は，式 (5.1) の右辺の節点での仮想変位による仮想仕事に変換される際に，仮想変位として回転分 θ_1^*, θ_2^* があるため対応して節点モーメント（これも広い意味での節点力です）が生じます．

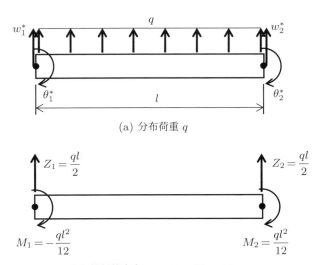

(a) 分布荷重 q

(b) 等価節点力 Z_1, Z_2, M_1, M_2

図 5.3　はり要素と分布荷重

つまり，節点力，
$$Z_1 = Z_2 = \frac{ql}{2}$$
に加えて，節点モーメント，
$$M_1 = -\frac{ql^2}{12}, \quad M_2 = \frac{ql^2}{12}$$
が加わることになります．

このように，使っている要素の種類によって，分布荷重による等価な節点力は変わってくることに注意が必要です．

5.2 表面力と物体力

> **Point!**
> - 圧力や摩擦力は表面力の一種，重力や慣性力は物体力の一種です．
> - 表面力や物体力は分布力です．
> - 圧力などの分布力を曲面に作用させる場合は，「使う要素」と「要素分割」に注意しましょう．

5.2.1 分布荷重の一種としての表面力と物体力

前節で，有限要素法では，分布荷重が節点での集中荷重として扱われることを述べました．ここでは，この分布荷重の一種として，表面力と物体力を考えます．

表面力は**面積力**とも呼ばれ，その名が示すとおり，表面に作用します．表面力の代表的なものは圧力です．圧力は物体表面に垂直に加わり，表面に平行な成分は存在しません．対して，**物体力**は**体積力**とも呼ばれ，体積に対して作用します．物体力の代表的なものは慣性力で，通常は重力も慣性力の一種と考えます．また，電磁気力も物体がもつ電荷などに対して作用する物体力とみなします．

5.2.2 表面力，物体力の導入

圧力のような表面力を物体に作用させるとき，例えば円筒の圧力容器に内圧を加える場合を考えましょう．**図 5.4** に示すように，なめらかな円筒曲面，なめらかな円形の薄い断面をもっているとし，二次元問題として，直線状のはり要素でモデル化するとどうなるでしょうか．

前節ではりに加わる分布荷重をみましたが，この問題では，仮にそれぞれの要素の長さが同じであれば，隣り合う要素に加わる圧力による節点での等価節点力のうち，モーメントは打ち消し合って，結果的に節点に外向きの集中荷重が加わるだけになります．これは，圧力などの表面力にかかわらず，重力など

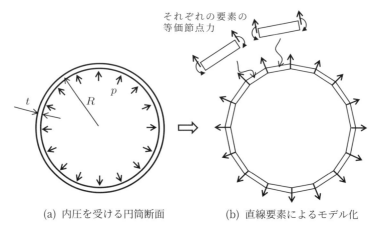

(a) 内圧を受ける円筒断面　　(b) 直線要素によるモデル化

図 5.4　圧力容器のモデル化

の物体力でも同様です．

また，分布荷重をなめらかな曲面部分に作用させる場合でも，同じように節点での等価節点力に置き換わります．

5.2.3 ◆ 分布力が加わる曲面のモデル化

さて，分布力が加わる曲面のモデル化では，何に気をつければよいでしょうか．

まず，なめらかな曲面を直線の要素でモデル化することは適切でしょうか．本来は，内圧によって円筒容器の壁面はそのまま円形の断面を保って膨らみます．ところが角のある断面では，角の部分に曲げ応力が発生する可能性があり，結果的に本来は生じない高い応力が現れる可能性があります．

上の問題では，あくまで正多角形の頂点に，等しく放射状の外向きの集中力を加えているので，曲げは生じませんが，もし長さの異なる要素によっていびつに分割されていると，角で曲げ応力が生まれる可能性が高くなります．つまり，なめらかな曲面を直線状の要素で分割すると，思わぬ高い応力が出現する可能性があります．したがって，「使う要素」を適切に選ぶ必要があります．

もう 1 つ気をつけることは，要素分割をあまり粗くしてしまうと，その結果，分布荷重が限られた数の節点力に置き換えられることになるため，実際の構造を精度良く再現できるモデルとなるような要素分割とする必要があります．

5.3 オフセット荷重, オフセット要素

> **Point!**
> - 荷重の作用点が要素の中心線からずれているものをオフセット荷重と呼びます．
> - 構造に起因する要素間のオフセットも，正しくモデル化しましょう．

5.3.1 構造でよく見かけるオフセット

オフセット（offset）とは，構造分野では偏心，あるいはズレのことです．通常は部材の中心線や対称面などの基準面から，荷重点がずれていること，あるいは，その偏心量を表します．

図 5.5(a) のような片持ちはりに引張り荷重 P が加わる状況を考えてみましょう．この場合は荷重 P の作用点がはりの中心線から e だけオフセットしています．この荷重を**オフセット荷重**と呼びますが，これによって，はりは引っ張られると同時に曲げモーメントを受けることになります．

上の例は，荷重自体がオフセットしている場合ですが，実際の問題では，例えば構造物が板と，それを補強するはりで成り立つような，**図 5.6**(a) の構造があります．この場合，I 型断面の補強材（はり）は板に取り付けられていますが，モデル化するときは，図 5.6(b) のように，断面をみると板要素の節点から e だけオフセットしてはり要素が付いているとします．

5.3.2 オフセット荷重の取扱い

さて，図 5.5 のように荷重を要素からオフセットして作用させる場合は，はりの先端と荷重の作用点を，剛体要素などでモデルの上でつないでしまうのが最も簡単でしょう（図 5.5(b)）．

あるいは，この剛体要素の役割に相当するように，つまり，力をはりの上の節点に伝えるために力だけを伝達し，はりの先端に等価な力とモーメントを加えるようにダミー要素を定義することも可能でしょう．さらに，オフセット

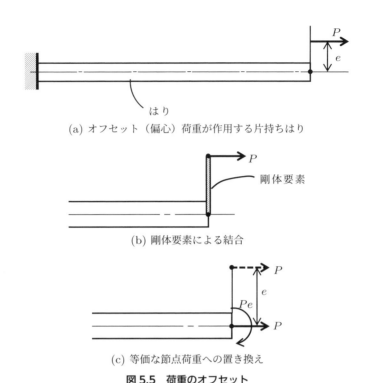

(a) オフセット（偏心）荷重が作用する片持ちはり

(b) 剛体要素による結合

(c) 等価な節点荷重への置き換え

図 5.5　荷重のオフセット

荷重をはりの先端で，荷重 P とモーメント Pe に置き換えることもできます（図 5.5(c)）．ただし，注意すべきことは，はりの先端が傾いて実際の P の作用点とはりの先端の距離が変わり，モーメントが Pe ではなくなるような大きな変形を解析する場合には，この等価なモーメントを付加する方法は得策ではないことです．

5.3.3　構造的な要素間のオフセットの取扱い

一方，実際の構造の取付けに起因する図 5.6(b) のような場合のモデル化では，実際には 2 つの要素（はり要素と板要素）は節点を空間的に共有していません．

逆に，節点を単純に共有させるようにしてしまうと，補強材であるはりが板の中に埋め込まれて重なっているような状態をつくり出していることになります（図 5.6(c)）．

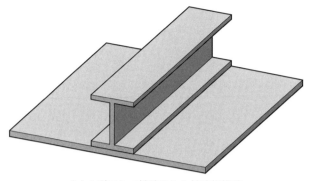

(a) I 型はりで補強された補強板構造

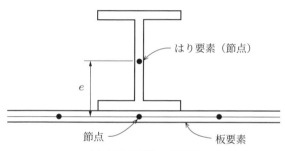

(b) 補強板構造の断面図

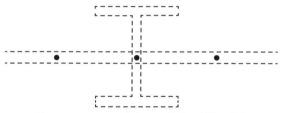

(c) オフセット e を無視した節点の単純な共有

図 5.6 補強材と板の結合

このようなモデル化の不備を防ぐために，はり要素をオフセットさせる必要があるのです．このため，ソフトウェアによっては，はりなどのオフセット要素に対して，オフセット量を指定して配置することができるようにしてありますが，その機能がないソフトウェアの場合には，はりの節点と板の節点をそれぞれ剛体要素でつないでいく，という操作によって対処する必要があります．

5.4　熱荷重

> **Point!**
> - 熱ひずみは，温度の変化によって生じるひずみです．
> - 一般にひずみは，力学的な荷重によるひずみと，温度変化（熱荷重）による熱ひずみとの和です．
> - 熱ひずみによる等価節点力は，要素の種類によって異なります．

5.4.1 温度変化による熱ひずみの発生

熱荷重という用語は，ときとしてあいまいに使われています．そこで，まず熱ひずみを定義します．

熱ひずみとは，材料がそのさらされる温度にしたがって伸縮したことで生じる，見かけ上のひずみを指します[注1]．

通常，熱ひずみはもとの温度からの変化量 ΔT が小さい範囲では ΔT に比例するので，一次元（棒で考える）では，

$$\varepsilon_T = \alpha \Delta T$$

と表されます．α は**熱膨張係数**と呼ばれ，材料によって違う値をとりますが，普通の金属材料や有機材料では正の値です．これは温度が上がれば，一般に物体中の任意の 2 点は離れることを表しています．

そして，熱ひずみを生む原因となる，温度変化 ΔT が**熱荷重**ということになります．

熱ひずみは力学的な応力とは無関係に生じるものです．したがって，構造物の中で生じるひずみは，力学的な荷重によるひずみ ε_M と，熱荷重によるひずみ ε_T の 2 つからなります．すなわち，応力 σ と温度変化 ΔT が加わった場合，全体のひずみ ε は，

$$\varepsilon = \varepsilon_M + \varepsilon_T = \frac{\sigma}{E} + \alpha \Delta T \tag{5.9}$$

注1　鉄道のレールが温度によって伸縮するため，あらかじめすき間を空けてあることはよく知られています．

と書けます．逆に，これは，

$$\sigma = E\left(\varepsilon - \alpha \Delta T\right)$$

とも表せます．つまり，全体のひずみ ε から，熱ひずみ $\alpha \Delta T$ を引いたものにヤング率 E を乗じると，応力 σ が得られるという関係があります．

さて，次に熱応力という用語について解説します．棒に式 (5.9) を適用して，温度変化 ΔT が加わったときに棒の伸びを拘束する（押さえ付ける），すなわち全体のひずみを $\varepsilon = 0$ にすると，

$$\varepsilon = \frac{\sigma}{E} + \alpha \Delta T = 0 \tag{5.10}$$

ですから，

$$\sigma = -\alpha E \Delta T \tag{5.11}$$

となり，拘束することで応力が生じます．これが**熱応力**です．つまり，熱応力は最初から生じるものではなく，温度変化によるひずみを拘束して，はじめて生まれるものです．

なお，熱ひずみは等方性材料では垂直ひずみとしてのみ現れ，せん断ひずみには出てきません．したがって，三次元の**一般化フックの法則（構成方程式）**によって，式 (5.9) を拡張することができ，

$$\begin{cases} \varepsilon_x = \dfrac{1}{E}\left\{\sigma_x - \nu\left(\sigma_y + \sigma_z\right)\right\} + \alpha \Delta T \\ \varepsilon_y = \dfrac{1}{E}\left\{\sigma_y - \nu\left(\sigma_z + \sigma_x\right)\right\} + \alpha \Delta T \\ \varepsilon_z = \dfrac{1}{E}\left\{\sigma_z - \nu\left(\sigma_x + \sigma_y\right)\right\} + \alpha \Delta T \\ \gamma_{yz} = \dfrac{\tau_{yz}}{G}, \quad \gamma_{zx} = \dfrac{\tau_{zx}}{G}, \quad \gamma_{xy} = \dfrac{\tau_{xy}}{G} \end{cases} \tag{5.12}$$

となります．

5.4.2 ◆ 熱ひずみによる等価節点力

さて，熱荷重が作用する問題では，熱ひずみが生じるため，通常の応力にかかわる力学的なひずみに加えて，熱荷重も正しく扱う必要があります．

ただし，有限要素法の定式化の中では，熱ひずみは式 (5.12) のフックの法則（構成方程式）のみに影響します．

例えば，断面積 A，軸剛性 EA をもつ棒要素（**図 5.7**）では，熱ひずみによ

る等価節点力として，

$$X_1 = -EA\alpha\Delta T, \quad X_2 = EA\alpha\Delta T$$

が得られます．これは ΔT が正の場合，つまり温度変化によって伸びが生じた場合，左の節点 1 では左方向に，右の節点 2 では右方向に節点力が作用することを表しています．つまり，要素全体が引っ張られることに相当します．なお，等価節点力は要素の種類によってもちろん変わります．

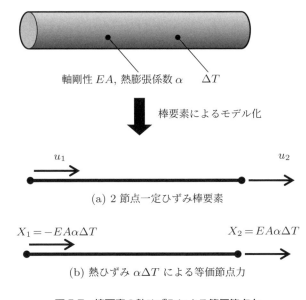

図 5.7　棒要素の熱ひずみによる等価節点力

5.5 従動力

Point!
- 向きや大きさが構造物の変形状態の影響を受ける力を，従動力といいます．
- 従動力は，圧力や遠心力，流体から受ける摩擦力など，身のまわりに多くあります．
- 従動力が加わる場合のシミュレーションでは，その力が構造物の変形に依存するので，それを考慮した解析法を使う必要があります．

　5.2 節（101 ページ）の表面力の例で述べた圧力は，それが作用する面が変位していったとき，例えば面の向きが変わっていくと，当然ながら圧力の向きも変化します（**図 5.8**）．このように，作用している構造の向きや大きさが変化すると，それに伴って向きや大きさが変化していく力を**従動力**といいます．従動力が作用する構造の解析では，モデルに加える力の向きや大きさが，構造の変形状態によって変わるわけですから，力の向きや大きさが一定である場合の問題に比べて，面倒になります．まずは，加える力が従動力である場合は，それを認識してシミュレーションを行うことが大事です．

　圧力以外にも，力を考えるときは何がその力のもとになっているかで，従動力かそうでないかを判断しなければなりません．**図 5.9** のような棒の先端に一定の力が加わる場合に，(a) は棒の変形の影響を受けない力であるのに対し，(b) は棒の先端の向きに依存して向きが変わる力です．例えば，先端から水が

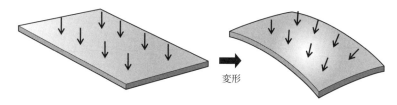

図 5.8　作用面の変位に伴う圧力の向きの変化

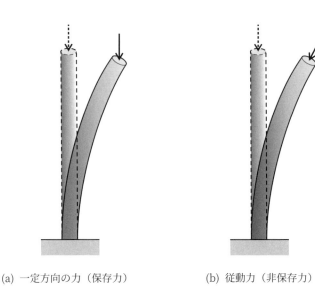

(a) 一定方向の力（保存力）　　(b) 従動力（非保存力）

図 5.9　棒の先端に加わる力

噴き出している軟らかいホースの場合も，力は水が噴き出す際の反力ですから，その向きはホースの先端が向いている方向に依存します[注2].

これ以外にも，回転する構造が遠心力を受ける場合の遠心力や，流体の流れから受ける表面での摩擦力など，従動力に分類される力は身のまわりに多くあります．なお，遠心力は向きが一定でも，大きさが構造の変位によって変わるので，従動力です．

注2　図 5.9 において，(a) の場合は，力が棒の状態によらず場所の関数として与えられる**ポテンシャル**という量を微分することで得られるので，その力は**保存力**と呼ばれます．一方，(b) では変形後の棒の向きが，棒の性質などによりますので，力を表すポテンシャルを定義することができません．この場合の力は**非保存力**と呼ばれます．

第6章 数値計算法を理解しよう

- **6.1** 補 間
- **6.2** 数値積分法
- **6.3** 連立一次方程式の解法
- **6.4** 固有値解析法
- **6.5** 非線形方程式の解法

ある日の会話

有限要素法では，積分したり連立方程式を解いたりして，数学を使うんだね．

でも，連立方程式を式のままコンピュータに与えても，コンピュータは解いてくれないってことが実は非常にわかりづらい……．
まず，連立方程式を解くための計算手順を定める必要があり，その手順をアルゴリズムという，ってことはぜひ知っておいてほしいな．
これは積分するときも同じだし……．

ふむふむ！

つまり，人が解く手順をコンピュータに教えてあげる必要があるってことが一番肝心で，そのしくみがわかっていないと，おかしな計算結果が出たときにパニクるよ．

じゃあ，どうやってコンピュータに教えればいいのさ？

はい！ コンピュータ言語を使って，アルゴリズムに基づいてプログラムすべし！
ここでは，有限要素法でよく用いられる計算方法を学んでおこう．

6.1 補 間

> **Point!**
> - 補間とは，離散的な形で与えられたデータ点の間を補って，連続関数として扱う方法です．
> - ラグランジュ補間多項式は，n 個のデータ点を通過する $n-1$ 次の多項式となります．
> - 面積座標は，二次元三角形領域の補間多項式を構成します．
> - 体積座標は，三次元四面体領域の補間多項式を構成します．

6.1.1 補間関数

補間とは，離散的に与えられたデータ点の間の値を補って，連続関数として扱う方法をいいます．具体的には，n 個の離散データを与える場合，n 個の基底関数 $\phi_1(x),\ldots,\phi_n(x)$ を選び，その一次結合で次式のような補間関数を構成します．

$$f(x) = a_1\phi_1(x) + \cdots + a_n\phi_n(x) \tag{6.1}$$

ここに $a_1,\ldots,a_n$ は未定係数であり，$f(x)$ が n 個の離散データ点を通過するように決定します．

このとき，i 番目のデータ点において，i 番目の基底関数 $\phi_i(x_i)$ の値が 1 で，それ以外の値がすべて 0 となるように基底関数を選択することができます．このような基底関数を**形状関数**といい $N_i(x)$ と表します．

すなわち，データ点の値を f_i とすると，補間関数は形状関数 $N_i(x)$ を用いて次式のように表されます．

$$f(x) = f_1 N_1(x) + \cdots + f_n N_n(x) \tag{6.2}$$

6.1.2 ラグランジュ補間多項式

いま，関数 $f(x)$ が，n 個のデータ点 $(x_1, f_1),\ldots,(x_n, f_n)$ を通過するものとします．このとき一般に，n 個のデータ点に対して，次式のような $n-1$ 次の

補間多項式を仮定することができます．

$$L_{n-1}(x) = a_1 + a_2 x + a_3 x^2 + \cdots + a_n x^{n-1} \tag{6.3}$$

ここに $a_1, a_2, \ldots, a_n$ は未定係数です．

式 (6.3) で定義される $L_{n-1}(x)$ を**ラグランジュ補間多項式**といいます．ここで，n 個のすべてのデータ点を通過する条件は，次式のようになります．

$$\begin{bmatrix} 1 & x_1 & x_1^2 & \cdots & x_1^{n-1} \\ 1 & x_2 & x_2^2 & \cdots & x_2^{n-1} \\ 1 & x_3 & x_3^2 & \cdots & x_3^{n-1} \\ \vdots & \vdots & \vdots & \vdots & \vdots \\ 1 & x_n & x_n^2 & \cdots & x_n^{n-1} \end{bmatrix} \begin{Bmatrix} a_1 \\ a_2 \\ a_3 \\ \vdots \\ a_n \end{Bmatrix} = \begin{Bmatrix} f_1 \\ f_2 \\ f_3 \\ \vdots \\ f_n \end{Bmatrix} \tag{6.4}$$

この，式 (6.4) の連立一次方程式を直接解くことによって，未定係数 $a_1, a_2, \ldots, a_n$ を決定することもできますが，補間のたびに連立一次方程式を解くのでは非効率です．そこで連立一次方程式を直接解く方法よりも少ない手順で未定係数を求め，$L_{n-1}(x)$ を決定する方法が考えられています．

具体的には，次式で $n-1$ 次の多項式 $l_k(x)$ ($k = 1, 2, 3, \ldots, n$) を定義します．

$$l_k(x) = \frac{(x - x_1)(x - x_2) \cdots (x - x_{k-1})(x - x_{k+1}) \cdots (x - x_n)}{(x_k - x_1)(x_k - x_2) \cdots (x_k - x_{k-1})(x_k - x_{k+1}) \cdots (x_k - x_n)} \tag{6.5}$$

ここで，$l_k(x)$ は次式を満たします．

$$l_k(x_k) = 1, \quad l_k(x_j) = 0 \qquad (j \neq k)$$

したがって $l_k(x)$ は形状関数であり，次式で定義される $L_{n-1}(x)$ はラグランジュ補間多項式となります．

$$L_{n-1}(x) = f_1 l_1(x) + f_2 l_2(x) + \cdots + f_n l_n(x) \tag{6.6}$$

実際，上式 (6.6) の x に x_k を代入すると次式が成立します．

$$L_{n-1}(x_k) = f_1 l_1(x_k) + f_2 l_2(x_k) + \cdots + f_k l_k(x_k) + \cdots + f_n l_n(x_k) = f_k$$

①一次補間

さて，2 個のデータ点 $(x_1, f_1), (x_2, f_2)$ についてラグランジュ補間多項式を適用してみます．式 (6.5) において $n = 2$ とすると次式が得られます．

$$l_1(x) = \frac{x - x_2}{x_1 - x_2}, \quad l_2(x) = \frac{x - x_1}{x_2 - x_1}$$

したがって，一次のラグランジュ補間多項式として次式が得られます．

$$L_1(x) = f_1 \frac{x - x_2}{x_1 - x_2} + f_2 \frac{x - x_1}{x_2 - x_1} \tag{6.7}$$

式 (6.7) で表される一次のラグランジュ補間多項式は，幾何学的には 2 点を線分で結んだ場合に相当します．この一次のラグランジュ補間多項式による補間を**一次補間**あるいは，**線形補間**といいます．

また，式 (6.7) は次式のように書き直すことができます．

$$L_1(x) = f_1 N_1(x) + f_2 N_2(x)$$

ここに

$$N_1(x) = \frac{x - x_2}{x_1 - x_2}, \quad N_2(x) = \frac{x - x_1}{x_2 - x_1}$$

です．

② **二次補間**

次に，3 個のデータ点 $(x_1, f_1), (x_2, f_2), (x_3, f_3)$ について，ラグランジュ補間多項式を適用してみます．式 (6.5) において $n = 3$ とすると，次式が得られます．

$$\begin{cases} l_1(x) = \dfrac{(x - x_2)(x - x_3)}{(x_1 - x_2)(x_1 - x_3)}, & l_2(x) = \dfrac{(x - x_1)(x - x_3)}{(x_2 - x_1)(x_2 - x_3)} \\ l_3(x) = \dfrac{(x - x_1)(x - x_2)}{(x_3 - x_1)(x_3 - x_2)} \end{cases}$$

したがって，二次のラグランジュ補間多項式として次式が得られます．

$$L_2(x) = f_1 \frac{(x - x_2)(x - x_3)}{(x_1 - x_2)(x_1 - x_3)} + f_2 \frac{(x - x_1)(x - x_3)}{(x_2 - x_1)(x_2 - x_3)} + f_3 \frac{(x - x_1)(x - x_2)}{(x_3 - x_1)(x_3 - x_2)} \tag{6.8}$$

上式 (6.8) で表される二次のラグランジュ補間多項式は，3 点を通過する二次曲線となります．この二次のラグランジュ補間多項式による補間を，**二次補間**といいます．

また，式 (6.8) は次式のように書き直すことができます．

$$L_1(x) = f_1 N_1(x) + f_2 N_2(x) + f_3 N_3(x) \tag{6.9}$$

ここに，

$$\begin{cases} N_1(x) = \dfrac{(x-x_2)(x-x_3)}{(x_1-x_2)(x_1-x_3)}, & N_2(x) = \dfrac{(x-x_1)(x-x_3)}{(x_2-x_1)(x_2-x_3)} \\ N_3(x) = \dfrac{(x-x_1)(x-x_2)}{(x_3-x_1)(x_3-x_2)} \end{cases}$$

です．

6.1.3 面積座標

図 6.1 に示すように，二次元平面において三角形 123 の頂点の座標を $(x_1, y_1), (x_2, y_2), (x_3, y_3)$ として，3 つの数値の組 L_1, L_2, L_3 を次式で定義します．

$$L_1 = \frac{A_1}{A}, \quad L_2 = \frac{A_2}{A}, \quad L_3 = \frac{A_3}{A}$$

ここに，A, A_1, A_2, A_3 は三角形 123, P23, P31, P12 の面積であり，次式で求めることができます．

$$\begin{cases} A = \dfrac{1}{2}\begin{vmatrix} 1 & x_1 & y_1 \\ 1 & x_2 & y_2 \\ 1 & x_3 & y_3 \end{vmatrix}, & A_1 = \dfrac{1}{2}\begin{vmatrix} 1 & x & y \\ 1 & x_2 & y_2 \\ 1 & x_3 & y_3 \end{vmatrix}, \\ A_2 = \dfrac{1}{2}\begin{vmatrix} 1 & x_1 & y_1 \\ 1 & x & y \\ 1 & x_3 & y_3 \end{vmatrix}, & A_3 = \dfrac{1}{2}\begin{vmatrix} 1 & x_1 & y_1 \\ 1 & x_2 & y_2 \\ 1 & x & y \end{vmatrix} \end{cases}$$

また，このとき，明らかに次式が成立します．

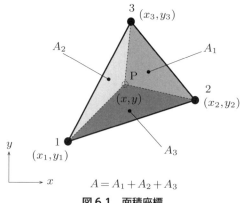

図 6.1　面積座標

$$L_1 + L_2 + L_3 = 1$$

さらに,

- 頂点 1 (x_1, y_1) において, $L_1 = 1, L_2 = 0, L_3 = 0.$
- 頂点 2 (x_2, y_2) において, $L_1 = 0, L_2 = 1, L_3 = 0.$
- 頂点 3 (x_3, y_3) において, $L_1 = 0, L_2 = 0, L_3 = 1.$

となるので L_1, L_2, L_3 を三角形領域の形状関数として用いることができます. ここで, L_1, L_2, L_3 を**面積座標**といいます.

すなわち, 三角形内部の点 L_1, L_2, L_3 で示される点における関数 f は, 頂点 1, 2, 3 における関数の値 f_1, f_2, f_3 を用いて, 次式のように表すことができます.

$$f(L_1, L_2, L_3) = f_1 L_1 + f_2 L_2 + f_3 L_3$$

6.1.4 体積座標

図 6.2 に示すように, 三次元空間において四面体 1234 の頂点の座標を $(x_1, y_1, z_1), (x_2, y_2, z_2), (x_3, y_3, z_3), (x_4, y_4, z_4)$ として, 4 つの数値の組 L_1, L_2, L_3, L_4 を次式で定義します.

$$L_1 = \frac{V_1}{V}, \quad L_2 = \frac{V_2}{V}, \quad L_3 = \frac{V_3}{V}, \quad L_4 = \frac{V_4}{V}$$

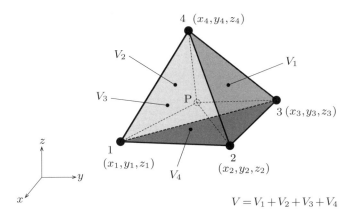

図 6.2　体積座標

ここに V, V_1, V_2, V_3, V_4 は四面体 1234, 432P, 134P, 421P, 123P の体積であり，次式で求めます．

$$\begin{cases} V = \dfrac{1}{6} \begin{vmatrix} 1 & x_1 & y_1 & z_1 \\ 1 & x_2 & y_2 & z_2 \\ 1 & x_3 & y_3 & z_3 \\ 1 & x_4 & y_4 & z_4 \end{vmatrix}, V_1 = \dfrac{1}{6} \begin{vmatrix} 1 & x & y & z \\ 1 & x_2 & y_2 & z_2 \\ 1 & x_3 & y_3 & z_3 \\ 1 & x_4 & y_4 & z_4 \end{vmatrix}, V_2 = \dfrac{1}{6} \begin{vmatrix} 1 & x_1 & y_1 & z_1 \\ 1 & x & y & z \\ 1 & x_3 & y_3 & z_3 \\ 1 & x_4 & y_4 & z_4 \end{vmatrix} \\ V_3 = \dfrac{1}{6} \begin{vmatrix} 1 & x_1 & y_1 & z_1 \\ 1 & x_2 & y_2 & z_2 \\ 1 & x & y & z \\ 1 & x_4 & y_4 & z_4 \end{vmatrix}, V_4 = \dfrac{1}{6} \begin{vmatrix} 1 & x_1 & y_1 & z_1 \\ 1 & x_2 & y_2 & z_2 \\ 1 & x_3 & y_3 & z_3 \\ 1 & x & y & z \end{vmatrix} \end{cases}$$

また，このとき，明らかに次式が成立します．

$$L_1 + L_2 + L_3 + L_4 = 1$$

さらに，

- 頂点 1 (x_1, y_1, z_1) において，$L_1 = 1, L_2 = 0, L_3 = 0, L_4 = 0$.
- 頂点 2 (x_2, y_2, z_2) において，$L_1 = 0, L_2 = 1, L_3 = 0, L_4 = 0$.
- 頂点 3 (x_3, y_3, z_3) において，$L_1 = 0, L_2 = 0, L_3 = 1, L_4 = 0$.
- 頂点 4 (x_4, y_4, z_4) において，$L_1 = 0, L_2 = 0, L_3 = 0, L_4 = 1$.

となるので L_1, L_2, L_3, L_4 は四面体領域の形状関数として用いることができます．ここで，L_1, L_2, L_3, L_4 を**体積座標**といいます．

すなわち，四面体内部の L_1, L_2, L_3, L_4 で示される点における関数 f は，頂点 1, 2, 3, 4 における関数の値 f_1, f_2, f_3, f_4 を用いて，次式のように表すことができます．

$$f(L_1, L_2, L_3, L_4) = f_1 L_1 + f_2 L_2 + f_3 L_3 + f_4 L_4$$

6.2 数値積分法

Point!

- 定積分の値を，不定積分で求めることなく，数値的に計算する方法を数値積分法といいます．
- ニュートン–コーツの公式は，等間隔に設定された積分点を用いて数値積分します．$2n+1$ 個の積分点で $2n+1$ 次の積分精度を有します．
- ルジャンドル–ガウス積分では，ルジャンドル多項式から決定される不均等な n 個の積分点を用いて，$2n-1$ 次の多項式を完全積分できます．

関数 $f(x)$ の定積分 $\int_a^b f(x)\,dx$ を計算するとき，$f(x)$ の原始関数が求められなかったり，その計算が複雑だったりする場合があります．このような場合に，定積分の値を，不定積分で求めることなく数値的（近似的）に求める方法を**数値積分法**といいます．

さて，区間 $[a,b]$ で定義される定積分は，変数変換することによって，次式に示すような区間 $[-1,+1]$ で定義される自然座標 r についての積分に置き換えることができます．

$$\int_a^b f(x)\,dx = \frac{b-a}{2}\int_{-1}^1 f(r)\,dr \tag{6.10}$$

ここに r は次式を満足します．

$$x = \frac{b-a}{2}r + \frac{b+a}{2}$$

したがって，以下では次式に示すような区間 $[-1,+1]$ で定義される自然座標 r における，定積分 I についての数値積分法を扱うことにします．

$$I \equiv \int_{-1}^1 f(r)\,dr \tag{6.11}$$

ここに，$\equiv$ は定義を意味します．

6.2.1 ◆ ニュートン-コーツの公式

区間 $[-1, +1]$ で定義される関数 $f(r)$ について，n 個のデータ点 $(r_1, f_1), \cdots, (r_n, f_n)$ を与えます．ただし，データ点は r 軸方向に等間隔に設定されているものとし，$r_1 = -1, r_n = 1$ とします．

このとき，$n-1$ 次のラグランジュ補間多項式で $f(r)$ を近似した上で，次式のように積分することができます．これを**ニュートン-コーツの公式**といいます．なお，$\cong$ は近似を意味します．

$$\int_{-1}^{1} f(r)\, dr \cong \int_{-1}^{1} L_{n-1}(r)\, dr = \int_{-1}^{1} \{f_1 l_1(r) + f_2 l_2(r) + \cdots + f_n l_n(r)\}\, dr \tag{6.12}$$

式 (6.12) は次式のように書き直すことができます．

$$\int_{-1}^{1} f(r)\, dr \cong \sum_{k=1}^{n} c_k f_k \tag{6.13}$$

ここに

$$c_k = \int_{-1}^{1} l_k(r)\, dr \tag{6.14}$$

です．式 (6.14) で定義される係数 c_k を，一般に数値積分の重み係数といいます．また，関数 f の評価点を**積分点**といいます．

この場合，積分点は区間 $[-1, +1]$ に等間隔に設けられた n 個の点です．

① $n = 2$ の場合

$n = 2$ の場合，関数 $f(r)$ について，2 個のデータ点 $(r_1, f_1), (r_2, f_2)$ を与えます．ここで $r_1 = -1, r_2 = 1$ とします．このとき，一次のラグランジュ補間多項式で $f(r)$ を近似し，次式のように積分することができます．

$$\int_{-1}^{1} f(r)\, dr \cong \int_{-1}^{1} L_1(r)\, dr = \int_{-1}^{1} \{f_1 l_1(r) + f_2 l_2(r)\}\, dr \tag{6.15}$$

ここに

$$l_1(r) = -\frac{r-1}{2}, \quad l_2(r) = \frac{r+1}{2} \tag{6.16}$$

です．この式 (6.16) を，式 (6.15) の右辺に代入して定積分を計算し，整理して次式を得ます．

$$\int_{-1}^{1} f(r)\, dr \cong f_1 + f_2 \tag{6.17}$$

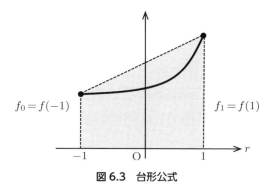

図 6.3 台形公式

すなわち，**図 6.3** に示すように式 (6.10) の定積分の値（式 (6.11)）は，データ点を補間する直線と r 軸がつくる台形の面積に等しくなります．

このような $n = 2$ の場合におけるニュートン-コーツの公式を**台形公式**といいます．式 (6.17) は $f(r)$ が一次式であるとき厳密な積分の結果を与えることは明らかです．すなわち，台形公式は一次の積分精度を有します．

② $n = 3$ の場合

$n = 3$ の場合，区間 $[-1, +1]$ で定義される関数 $f(r)$ について，3 個のデータ点 $(r_1, f_1), (r_2, f_2), (r_3, f_3)$ を与えます．ここで，データ点は r 軸方向に等間隔に設定されている，すなわち $r_1 = -1, r_2 = 0, r_3 = 1$ とします．

このとき，二次のラグランジュ補間多項式で $f(r)$ を近似し，次式のように積分することができます．

$$\int_{-1}^{1} f(r)\,dr \cong \int_{-1}^{1} L_2(r)\,dr = \int_{-1}^{1} \{f_1 l_1(r) + f_2 l_2(r) + f_3 l_3(r)\}\,dr \quad (6.18)$$

ここに

$$l_1(r) = \frac{(r-1)r}{2}, \quad l_2(r) = -(r+1)(r-1), \quad l_3(r) = \frac{r(r+1)}{2} \quad (6.19)$$

です．この式 (6.19) を，式 (6.18) の右辺に代入して定積分を計算し，整理して次式を得ます．

$$\int_{-1}^{1} f(r)\,dr \cong \frac{1}{3} f_1 + \frac{4}{3} f_2 + \frac{1}{3} f_3 \quad (6.20)$$

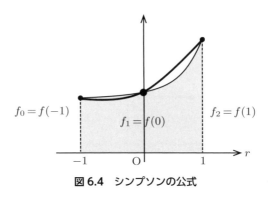

図 6.4 シンプソンの公式

このような $n=3$ の場合におけるニュートン–コーツの公式を**シンプソンの公式**といいます．**図 6.4** にシンプソンの公式の概念を示します．

式 (6.20) は，$f(r)$ が二次の多項式であるとき，厳密な積分の結果を与えることは明らかです．ここで，$f(r)$ が三次の多項式であるときを考えます．r^3 を含む項は奇関数であるので，区間 $[-1,+1]$ での定積分が 0 になります．したがって，$f(r)$ が三次式であるときも，厳密な積分の結果を与えます．

すなわち，シンプソンの公式は三次の積分精度を有します．

③ $n=4$ の場合

$n=4$ の場合，積分点は 4 つとなり l_1, l_2, l_3, l_4 は次式のようになります．

$$l_1(r) = \frac{\left(r+\frac{1}{3}\right)\left(r-\frac{1}{3}\right)(r-1)}{\left(-\frac{2}{3}\right)\left(-\frac{4}{3}\right)(-2)} = -\frac{9}{16}\left(r+\frac{1}{3}\right)\left(r-\frac{1}{3}\right)(r-1)$$

$$l_2(r) = \frac{(r+1)\left(r-\frac{1}{3}\right)(r-1)}{\left(\frac{2}{3}\right)\left(-\frac{2}{3}\right)\left(-\frac{4}{3}\right)} = \frac{27}{16}(r+1)\left(r-\frac{1}{3}\right)(r-1)$$

$$l_3(r) = \frac{(r+1)\left(r+\frac{1}{3}\right)(r-1)}{\left(\frac{4}{3}\right)\left(\frac{2}{3}\right)\left(-\frac{2}{3}\right)} = -\frac{27}{16}(r+1)\left(r+\frac{1}{3}\right)(r-1)$$

$$l_4(r) = \frac{(r+1)\left(r+\frac{1}{3}\right)\left(r-\frac{1}{3}\right)}{2\left(\frac{4}{3}\right)\left(\frac{2}{3}\right)} = \frac{9}{16}(r+1)\left(r+\frac{1}{3}\right)\left(r-\frac{1}{3}\right) \tag{6.21}$$

式 (6.21) を式 (6.14) に代入して c_0, c_1, c_2, c_3 を求め，さらに式 (6.13) に代入して次式を得ます．

$$\int_{-1}^{1} f(r)\,dr \cong \frac{1}{4}f_1 + \frac{3}{4}f_2 + \frac{3}{4}f_3 + \frac{1}{4}f_4 \tag{6.22}$$

式 (6.22) の場合，$f(r)$ が三次式であるとき厳密な積分の結果を与えることは明らかです．すなわち $n = 4$ のときのニュートン–コーツの公式は三次の積分精度を有します．

以上に解説した，積分点数 n が 2 から 4 の場合についてのニュートン–コーツの公式の重み係数をまとめて**表 6.1** に示します．

表 6.1　ニュートン–コーツの公式

積分点数 n	c_0	c_1	c_2	c_3	c_4	c_5	積分精度	備　考
2	1	1	–	–	–	–	1	台形公式
3	$\frac{1}{3}$	$\frac{4}{3}$	$\frac{1}{3}$	–	–	–	3	シンプソンの公式
4	$\frac{1}{4}$	$\frac{3}{4}$	$\frac{3}{4}$	$\frac{1}{4}$	–	–	3	

6.2.2　ルジャンドル–ガウス積分

ルジャンドル–ガウス積分は，n 次のルジャンドル多項式の零点 $r_1, r_2, \ldots, r_n$ を積分点とし，その点での関数の値 $f(r_1), f(r_2), \ldots, f(r_n)$ を計算し，$n-1$ 次のラグランジュ補間多項式で補間して数値積分する方法です．前述したニュートン–コーツの公式との違いは，データ点の r 座標（積分点の位置）が区間で等間隔ではないこと，n 個の積分点で $2n-1$ 次の多項式まで厳密に積分できることです．

ルジャンドル–ガウス積分では，関数 $f(r)$ を次式で示す $g(r)$ で近似します．

$$f(r) \cong g(r) = \sum_{k=1}^{n} f(r_k) l_k(r) + q(r) \sum_{k=1}^{n} b_k r^{k-1} \tag{6.23}$$

ここに r_k はデータ点の r 座標，b_k は定数であり $q(r)$ は次式で与えられます．

$$q(r) = (r - r_1) \cdots (r - r_n) \tag{6.24}$$

式 (6.23) で定義される $g(r)$ は $2n-1$ 次式で，$g(r_k) = f(r_k)$ を満足します．また，各積分点 $r_1, r_2, \ldots, r_n$ は，$q(r)$ が次式を満足する条件から決定します．

$$\int_{-1}^{1} q(r) r^{k-1} \, dr = 0 \qquad (k = 1, 2, \cdots, n) \tag{6.25}$$

したがって，$g(r)$ の区間 $[-1, +1]$ での定積分は，次式のように表されます．

$$\int_{-1}^{1} g(r) \, dr = \int_{-1}^{1} \sum_{k=1}^{n} f(r_k) l_k(r) \, dr + \int_{-1}^{1} q(r) \sum_{k=1}^{n} b_k r^{k-1} \, dr = \sum_{k=1}^{n} f(r_k) w_k \tag{6.26}$$

ここに

$$w_k = \int_{-1}^{1} l_k(r) \, dr \tag{6.27}$$

です．

区間 $[-1, +1]$ で定義される関数 $f(r)$ について n 個のデータ点 $(x_1, f_1), \ldots, (x_n, f_n)$ を与えたとき，$f(r)$ の区間 $[-1, +1]$ での定積分を次式で近似します．

$$\int_{-1}^{1} f(r) \, dr \cong f(r_1) w_1 + f(r_2) w_2 + \cdots + f(r_n) w_n \tag{6.28}$$

① $n = 1$ の場合

$n = 1$ の場合，式 (6.24) は r の一次式であるので，$q(r) = r + c$ とおけます．このとき

$$\int_{-1}^{1} q(r) \, dr = \int_{-1}^{1} (r + c) \, dr = 2c = 0$$

なので，$c = 0$ です．すなわち，$q(r) = r$ となります．したがって $r_1 = 0$ です．ここで，$l_1(r) = 1$ と考えると，式 (6.27) は次式のようになります．

$$w_1 = \int_{-1}^{1} l_1(r) \, dr = 2$$

② $n=2$ の場合

$n=2$ の場合,式 (6.24) は,r の二次式であるので,$q(r) = r^2 + c_1 r + c_2$ とおけます.このとき

$$\begin{cases} \int_{-1}^{1} q(r)\,dr = \int_{-1}^{1} (r^2 + c_1 r + c_2)\,dr = \dfrac{2}{3} + 2c_2 = 0 \\ \int_{-1}^{1} q(r)r\,dr = \int_{-1}^{1} (r^2 + c_1 r + c_2)r\,dr = \dfrac{2}{3}c_1 = 0 \end{cases}$$

なので,$c_1 = 0, c_2 = -1/3$ です.すなわち,

$$q(r) = r^2 - \frac{1}{3} = \left(r - \frac{1}{\sqrt{3}}\right)\left(r + \frac{1}{\sqrt{3}}\right)$$

となります.したがって

$$r_1 = -\frac{1}{\sqrt{3}}, \quad r_2 = \frac{1}{\sqrt{3}}$$

です.ここで,

$$l_1(r) = \frac{r - \dfrac{1}{\sqrt{3}}}{-\dfrac{1}{\sqrt{3}} - \dfrac{1}{\sqrt{3}}}, \quad l_2(r) = \frac{r + \dfrac{1}{\sqrt{3}}}{\dfrac{1}{\sqrt{3}} + \dfrac{1}{\sqrt{3}}}$$

です.以上より,式 (6.27) は次式のようになります.

$$w_1 = \int_{-1}^{1} l_1(r)\,dr = 1, \quad w_2 = \int_{-1}^{1} l_2(r)\,dr = 1$$

③ $n=3$ の場合

$n=3$ の場合,式 (6.24) は r の三次式であるので,$q(r) = r^3 + c_1 r^2 + c_2 r + c_3$ とおけます.このとき

$$\begin{cases} \int_{-1}^{1} q(r)\,dr = \int_{-1}^{1} (r^3 + c_1 r^2 + c_2 r + c_3)\,dr = \dfrac{2}{3}c_1 + 2c_3 = 0 \\ \int_{-1}^{1} q(r)r\,dr = \int_{-1}^{1} (r^3 + c_1 r^2 + c_2 r + c_3)r\,dr = \dfrac{2}{5} + \dfrac{2}{3}c_2 = 0 \\ \int_{-1}^{1} q(r)r^2\,dr = \int_{-1}^{1} (r^3 + c_1 r^2 + c_2 r + c_3)r^2\,dr = \dfrac{1}{5}c_1 + \dfrac{2}{3}c_3 = 0 \end{cases}$$

なので，c_1, c_2, c_3 について解くと

$$c_1 = 0, \quad c_2 = -\frac{3}{5}, \quad c_3 = 0$$

です．すなわち，

$$q(r) = r^3 - \frac{3}{5}r = r\left(r - \sqrt{\frac{3}{5}}\right)\left(r + \sqrt{\frac{3}{5}}\right)$$

となります．したがって

$$r_1 = -\sqrt{\frac{3}{5}}, \quad r_2 = 0, \quad r_3 = \sqrt{\frac{3}{5}}$$

です．以上より，

$$l_1(r) = \frac{r\left(r - \sqrt{\frac{3}{5}}\right)}{\left(-\sqrt{\frac{3}{5}}\right)\left(-\sqrt{\frac{3}{5}} - \sqrt{\frac{3}{5}}\right)}$$

$$l_2(r) = \frac{\left(r + \sqrt{\frac{3}{5}}\right)\left(r - \sqrt{\frac{3}{5}}\right)}{\left(\sqrt{\frac{3}{5}}\right)\left(-\sqrt{\frac{3}{5}}\right)}$$

$$l_3(r) = \frac{\left(r + \sqrt{\frac{3}{5}}\right)r}{\left(\sqrt{\frac{3}{5}} + \sqrt{\frac{3}{5}}\right)\left(\sqrt{\frac{3}{5}}\right)}$$

であり，式 (6.27) は次式のようになります．

$$w_1 = \int_{-1}^{1} l_1(r)\,dr = \frac{5}{9}, \quad w_2 = \int_{-1}^{1} l_2(r)\,dr = \frac{8}{9}, \quad w_3 = \int_{-1}^{1} l_3(r)\,dr = \frac{5}{9}$$

表 6.2 に $n = 1, 2, 3$ の場合の r_i と w_i をまとめて示します．

表 6.2 ルジャンドル–ガウス積分

積分次数 n	i	積分点位置 r_i	重み係数 w_i
1	1	0	2
2	1	$-\sqrt{\dfrac{1}{3}}$	1
	2	$\sqrt{\dfrac{1}{3}}$	1
3	1	$-\sqrt{\dfrac{3}{5}}$	$\dfrac{5}{9}$
	2	0	$\dfrac{8}{9}$
	3	$\sqrt{\dfrac{3}{5}}$	$\dfrac{5}{9}$

6.2.3 多重数値積分

ここまで一次元領域での数値積分法を説明しました．

さらに，二次元，三次元領域で定義される多重積分を数値積分するためには，これらの一次元の数値積分法を繰り返し適用していきます．すなわち，次式に示すように，他の変数を固定して，最も内側の積分変数から順に数値積分を行います．

$$\begin{aligned}
\int_{-1}^{1}\int_{-1}^{1}\int_{-1}^{1} f(r,s,t)\,drdsdt &\cong \int_{-1}^{1}\int_{-1}^{1} \sum_{i=1}^{l} f(r_i,s,t) w_{ri}\,dsdt \\
&= \int_{-1}^{1} \sum_{i=1}^{l}\sum_{j=1}^{m} f(r_i,s_j,t) w_{ri} w_{sj}\,dt \\
&= \sum_{i=1}^{l}\sum_{j=1}^{m}\sum_{k=1}^{n} f(r_i,s_j,t_k) w_{ri} w_{sj} w_{tk} \quad (6.29)
\end{aligned}$$

なお，各方向に異なる積分方法を適用することもできます．

6.3 連立一次方程式の解法

 Point!

- 連立一次方程式の解法は，マトリクスの基本変形に基づき求解処理を実施する直接法と，反復的な手順で求解処理を実施する反復法に分類できます．
- 直接法としては，修正コレスキー分解法があります．
- 反復法としては，前処理付き共役勾配法があります．

6.3.1 連立一次方程式のマトリクス表現

次式に示すような n 元の連立一次方程式を考えます．

$$\begin{cases} A_{11}x_1 + A_{12}x_2 + \cdots + A_{1n}x_n = b_1 \\ A_{21}x_1 + A_{22}x_2 + \cdots + A_{2n}x_n = b_2 \\ \quad\vdots \\ A_{n1}x_1 + A_{n2}x_2 + \cdots + A_{nn}x_n = b_n \end{cases} \quad (6.30)$$

ここに $A_{ij}, b_i\ (i,j=1,2,\ldots,n)$ は定数，$x_i\ (i=1,2,\ldots,n)$ は未知数です．

式 (6.30) は，マトリクスとベクトルを用いて次式のように書き直すことができます．

$$\mathbf{A}\mathbf{x} = \mathbf{b} \quad (6.31)$$

ここに $\mathbf{A}, \mathbf{b}, \mathbf{x}$ は次式で定義します．

$$\mathbf{A} \equiv \begin{bmatrix} A_{11} & A_{12} & \cdots & A_{1n} \\ A_{21} & A_{22} & \cdots & A_{2n} \\ \vdots & \vdots & \ddots & \vdots \\ A_{n1} & A_{n2} & \cdots & A_{nn} \end{bmatrix},\ \mathbf{x} \equiv \begin{Bmatrix} x_1 \\ x_2 \\ \vdots \\ x_n \end{Bmatrix},\ \mathbf{b} \equiv \begin{Bmatrix} b_1 \\ b_2 \\ \vdots \\ b_n \end{Bmatrix} \quad (6.32)$$

さて，式 (6.31) の解を求める方法として，直接法と反復法があります．前者は，連立一次方程式の解自体は変わらない変形を駆使して，解きやすい形に変形して解を求める方法です．後者は，繰返し計算によって解を求める方法です．

6.3.2 🔷 直接法

正方マトリクスの主対角線よりも上，あるいは下にある成分が 0 になるものを**三角マトリクス**といいます．とくに，右上半分の成分が 0 になるものを**下三角マトリクス**，左下半分の成分が 0 になるものを**上三角マトリクス**といいます．これらの例を**図 6.5** に示します．

$$\begin{bmatrix} 1 & 0 & 0 \\ 2 & 5 & 0 \\ 4 & 0 & 8 \end{bmatrix} \qquad \begin{bmatrix} 1 & 2 & 4 \\ 0 & 5 & 0 \\ 0 & 0 & 8 \end{bmatrix}$$

(a) 下三角マトリクス　　(b) 上三角マトリクス

図 6.5　下三角・上三角マトリクス

① LU 分解法

n 行 n 列の正方マトリクス $\mathbf{A}$ を，次式のように下三角マトリクス $\mathbf{L}$ と上三角マトリクス $\mathbf{U}$ の積に分解することを **LU 分解**といいます．

$$\mathbf{A} = \mathbf{LU} \tag{6.33}$$

ここに

$$\mathbf{L} = \begin{bmatrix} 1 & 0 & 0 & \cdots & 0 \\ L_{21} & 1 & 0 & \cdots & 0 \\ L_{31} & L_{32} & 1 & \cdots & 0 \\ \vdots & \vdots & \vdots & \ddots & \vdots \\ L_{n1} & L_{n2} & L_{n3} & \cdots & 1 \end{bmatrix}, \quad \mathbf{U} = \begin{bmatrix} U_{11} & U_{12} & U_{13} & \cdots & U_{1n} \\ 0 & U_{22} & U_{23} & \cdots & U_{2n} \\ 0 & 0 & U_{33} & \cdots & U_{3n} \\ \vdots & \vdots & \vdots & \ddots & \vdots \\ 0 & 0 & 0 & \cdots & U_{nn} \end{bmatrix}$$

です．

まず，正方マトリクス $\mathbf{A}$ を係数マトリクスとする連立一次方程式 $\mathbf{Ax} = \mathbf{b}$ の解 $\mathbf{x}$ を求めるために，まず $\mathbf{Ly} = \mathbf{b}$ の解 $\mathbf{y}$ を求めます．

ここに，$\mathbf{Ly} = \mathbf{b}$ は次式のように表されます．

$$\begin{bmatrix} 1 & 0 & \cdots & 0 \\ L_{21} & 1 & \cdots & 0 \\ \vdots & \vdots & \ddots & \vdots \\ L_{n1} & L_{n2} & \cdots & 1 \end{bmatrix} \begin{Bmatrix} y_1 \\ y_2 \\ \vdots \\ y_n \end{Bmatrix} = \begin{Bmatrix} b_1 \\ b_2 \\ \vdots \\ b_n \end{Bmatrix} \tag{6.34}$$

式 (6.34) の左辺を展開して，右辺と等値して，次式を用いて **y** を求めることができます．

$$\begin{cases} y_1 = b_1 \\ y_2 = b_2 - L_{21} y_1 \\ \quad \vdots \\ y_n = b_n - L_{n1} y_1 - L_{n2} y_2 - \cdots - L_{n\,n-1}\, y_{n-1} = b_n - \sum_{i=1}^{n-1} L_{ni} y_i \end{cases}$$

次に，解 **x** を求めます．$\mathbf{Ux} = \mathbf{y}$ は次式のように表されます．

$$\begin{bmatrix} U_{11} & U_{12} & \cdots & U_{1n} \\ 0 & U_{22} & \cdots & U_{2n} \\ \vdots & \vdots & \ddots & \vdots \\ 0 & 0 & \cdots & U_{nn} \end{bmatrix} \begin{Bmatrix} x_1 \\ x_2 \\ \vdots \\ x_n \end{Bmatrix} = \begin{Bmatrix} y_1 \\ y_2 \\ \vdots \\ y_n \end{Bmatrix} \tag{6.35}$$

式 (6.35) の左辺を展開して，右辺と等値して，次式を用いて **x** を求めることができます．

$$\begin{cases} x_n = \dfrac{y_n}{U_{nn}} \\ x_{n-1} = \dfrac{y_{n-1} - U_{n-1,n} x_n}{U_{n-1,n-1}} \\ \quad \vdots \\ x_1 = \dfrac{y_1 - \sum\limits_{i=2}^{n} U_{1i} x_i}{U_{11}} \end{cases}$$

このようにして求めた **x** が $\mathbf{Ax} = \mathbf{b}$ の解であることは，次式より明らかです．

$$\mathbf{Ax} = \mathbf{LUx} = \mathbf{Ly} = \mathbf{b}$$

②修正コレスキー分解法

連立一次方程式の係数マトリクス $\mathbf{A}$ が対称マトリクスである場合には，$\mathbf{A}$ は次式のように分解可能です．

$$\mathbf{A} = \mathbf{L}\mathbf{D}\mathbf{L}^T \tag{6.36}$$

ここに，$\mathbf{D}$ は対角マトリクスです．

この方法を用いることにより，上三角マトリクスの成分を記憶しなくても，下三角マトリクスの成分だけを記憶すれば計算できることになります．

このとき，連立一次方程式の解法の手順は，LU 分解法で，$\mathbf{U} = \mathbf{L}^T$ と置き換えたものと同じになります．

6.3.3 反復法

①共役勾配法

有限要素法において，扱う必要のある正定値対称マトリクスを係数とする連立一次方程式 $\mathbf{A}\mathbf{x} = \mathbf{b}$ の反復解法として代表的な方法に，**共役勾配法**（Conjugated Gradient Method：**CG 法**）があります．

CG 法を使うと，n 元の正定値対称マトリクスを係数とする連立一次方程式の解を，理論的には，高々 n 回の反復計算で求めることができます．

②前処理付き共役勾配法

しかしながら，実際には，計算上の丸め誤差（切り捨てによる誤差）により n 回以内の反復計算で収束解が得られないことがあります．また，実務的には，時間の制約上，さらなる収束の加速が必要になることがあります．

したがって，共役勾配法を適用する前に，前処理を施すことがよくあります．そのような一連の方法を**前処理付き共役勾配法**（Preconditioned Conjugated Gradient Method：**PCG 法**）といいます．

第 i 回目の，反復解を $\mathbf{x}^{(i)}$，残差を $\mathbf{r}^{(i)}$，探索方向ベクトルを $\mathbf{p}^{(i)}$，前処理マトリクスを $\mathbf{M}$ としたとき，具体的には PCG 法では次のような計算手順を用いて，反復計算で解を探索します．なお，解の許容値を $tol.$ として設定します．

(ステップ 1) 初期値化
$$\begin{cases} i = 0 \\ \mathbf{r}^{(0)} = \mathbf{b} - \mathbf{A}\mathbf{x}^{(0)} \\ \mathbf{p}^{(0)} = \mathbf{M}^{-1}\mathbf{r}^{(0)} \end{cases}$$

(ステップ 2) 計算
$$\begin{cases} \alpha_i = \dfrac{\mathbf{p}_i^T \mathbf{r}_i}{\mathbf{p}_i^T \mathbf{A}\mathbf{p}_i} \\ \mathbf{x}_{i+1} = \mathbf{x}_i + \alpha_i \mathbf{p}_i \\ \mathbf{r}_{i+1} = \mathbf{r}_i - \alpha_i \mathbf{A}\mathbf{p}_i \end{cases}$$

(ステップ 3) 収束判定
$$\frac{\|\mathbf{r}_{i+1}\|}{\|\mathbf{b}\|} < tol.$$
であれば計算停止.

(ステップ 4) 計算および更新
$$\begin{cases} \beta_i = -\dfrac{\mathbf{M}^{-1}\mathbf{r}_{i+1}\mathbf{A}\mathbf{p}_i}{\mathbf{p}_i^T \mathbf{A}\mathbf{p}_i} \\ \mathbf{p}_{i+1} = \mathbf{M}^{-1}\mathbf{r}_{i+1} + \beta_i \mathbf{p}_i \end{cases}$$
$i = i + 1$ とし,ステップ 2 へ戻る.

ここで,前処理マトリクス $\mathbf{M}$ としては,マトリクス $\mathbf{A}$ の対角成分を並べたマトリクスや,マトリクス $\mathbf{A}$ の不完全コレスキー分解したマトリクスが用いられます.

6.4 固有値解析法

> **Point!**
> - 固有値問題は，標準固有値問題と一般固有値問題に分類されます．
> - 固有値問題においては，固有値とそれに対応する固有ベクトルを求めます．
> - 固有値，固有ベクトルを数値的に求める方法として，すべての固有値，固有ベクトルを求めるヤコビ法（小規模な問題で一般に適用），指定された個数だけ求めるサブスペース法があります（大規模な問題で一般に適用）．

6.4.1 固有値問題の分類

マトリクス $\mathbf{A}$ について，次式を満足する λ と，非自明解 $\mathbf{x}$ を，それぞれ $\mathbf{A}$ の**固有値**，**固有ベクトル**といいます．

$$\mathbf{A}\mathbf{x} = \lambda \mathbf{x} \tag{6.37}$$

この式 (6.37) で表される固有値問題を**標準固有値問題**といいます．また，正定値実対称マトリクスの固有値は，実数になります．

対して，マトリクス $\mathbf{A}$, $\mathbf{B}$ について，次式のように定義される固有値問題を，**一般固有値問題**といいます．

$$\mathbf{A}\mathbf{x} = \lambda \mathbf{B}\mathbf{x} \tag{6.38}$$

式 (6.38) で表される一般固有値問題は，両辺に $\mathbf{B}^{-1}$ を乗ずることにより，標準固有値問題 $\mathbf{B}^{-1}\mathbf{A}\mathbf{x} = \lambda \mathbf{x}$ に変換可能ですが，たとえマトリクス $\mathbf{A}, \mathbf{B}$ が正定値対称でも，マトリクス $\mathbf{B}^{-1}\mathbf{A}$ は対称マトリクスでなくなることもあるので，解をうまく求めるためには，解き方に留意する必要があります．

6.4.2 ヤコビ法

以下に説明するヤコビ法を用いると，マトリクス $\mathbf{A}$ が実対称マトリクスであるとき，標準固有値問題においてすべての固有値，固有ベクトルを求めることができます．しかし，マトリクスが大きくなればなるほど，計算に時間がか

かるため，ヤコビ法は比較的小規模問題のすべての固有値，固有ベクトルを求める場合に適用されます．

ヤコビ法では，適当な直交マトリクス $\mathbf{R}$ を用いて，マトリクス $\mathbf{A}$ の指定された非対角成分 A_{ij}，A_{ji} を 0 にすることができることを利用します[注1]．すなわち，標準固有値問題を次式のように変換します．

$$\mathbf{R}^T \mathbf{A} \mathbf{R} \mathbf{x} = \lambda \mathbf{x} \tag{6.39}$$

このような直交マトリクス $\mathbf{R}$ による $\mathbf{A}$ の変換を，$\mathbf{A}$ の非対角成分がすべて 0，あるいは十分小さくなるまで繰り返します．

$$\mathbf{R}^{(N)T} \cdots \mathbf{R}^{(1)T} \mathbf{A} \mathbf{R}^{(1)} \cdots \mathbf{R}^{(N)} \mathbf{x} = \lambda \mathbf{x} \tag{6.40}$$

ここに $\mathbf{R}^{(i)}$ は i 回目の変換の直交マトリクスで，N は変換の総数です．

以上によって，式 (6.40) 左辺の係数マトリクスの対角項に固有値が並び，対応する固有ベクトルは直交マトリクスの積 $\mathbf{R}^{(1)} \cdots \mathbf{R}^{(N)}$ から得られます．

また，一般固有値問題についても同様な方法が考えられており，その方法を**一般化ヤコビ法**といいます．

6.4.3 サブスペース法

サブスペース法は，大規模な一般固有値問題について，指定された数の固有値，固有ベクトルを求める方法です．サブスペース法による m 元のマトリクスの一般固有値問題 $\mathbf{K}\mathbf{x} = \lambda \mathbf{M}\mathbf{x}$ の計算手順を以下に示します．

（ステップ 1）初期化

$$\begin{cases} i = 0 \\ \mathbf{P}^{(0)} = \begin{bmatrix} \mathbf{p}_1 & \mathbf{p}_1 & \cdots & \mathbf{p}_n \end{bmatrix} \end{cases} \quad (n \text{ はサブスペースの数})$$

（ステップ 2）連立一次方程式の求解

$$\mathbf{K}\mathbf{R}^{(i)} = \mathbf{P}^{(i)}$$

[注1] **直交マトリクス**とは，逆マトリクスが転置マトリクスとなるマトリクスのことです．

(ステップ 3) 計　算
$$\begin{cases} \mathbf{K}^* = \mathbf{R}^{(i)T}\mathbf{P}^{(i)} \\ \mathbf{M}^* = \mathbf{R}^{(i)T}\mathbf{M}^{(i)}\mathbf{R}^{(i)} \end{cases}$$

(ステップ 4) 一般固有値問題の求解
$$\mathbf{K}^*\phi_k = \lambda_k \mathbf{M}^*\phi_k \qquad (k = 1, 2, \cdots, n)$$

(ステップ 5) 計　算
$$\mathbf{X}^{(i)} = \mathbf{R}^{(i)} \begin{bmatrix} \phi_1 & \phi_1 & \cdots & \phi_n \end{bmatrix}$$

(ステップ 6) 収束判定
$$\frac{\left\|\mathbf{K}\mathbf{X}^{(i)}_k - \lambda\mathbf{M}\mathbf{X}^{(i)}_k\right\|}{\left\|\mathbf{K}\mathbf{X}^{(i)}_k\right\|} < tol. \qquad (k = 1, 2, \ldots, n)$$

であれば計算停止.

(ステップ 7) 計算および更新
$$\mathbf{P}^{(i+1)} = \mathbf{M}\mathbf{X}^{(i)}$$

$i = i + 1$ とし，ステップ 2 へ戻る．

なお，ステップ 2 においては，n 本の右辺ベクトルについての，m 元全体剛性マトリクス $\mathbf{K}$ に関する連立一次方程式の求解を行います．

また，ステップ 4 においては，一般化ヤコビ法などを用いて n 元のマトリクスの，一般固有値問題のすべての固有値，固有ベクトルを求めます．

6.5 非線形方程式の解法

Point!

- 非線形方程式を解くためには，適当な初期値から始める反復計算が必要となります．
- ニュートン-ラプソン法は，非線形方程式の求解方法としてよく用いられる方法です．ただし，「非線形方程式の勾配を計算できる」ことが，適用できる前提となります．

n 次元ベクトル $\mathbf{x}$ に関する非線形方程式を次式のように表します．

$$\mathbf{F}(\mathbf{x}) = \mathbf{0} \tag{6.41}$$

この式 (6.41) を解くためには，一般に繰返し計算が必要になります．そこで，i 回目の繰返し計算の結果 $\mathbf{x}^{(i)}$ が既知のとき，$\mathbf{x}^{(i)}$ を修正して，より精度の良い $\mathbf{x}$ を求めることを考えます．この $\mathbf{x}$ を $\mathbf{x}^{(i+1)}$ と書きます．

すなわち，次式を仮定します．

$$\mathbf{x}^{(i+1)} = \mathbf{x}^{(i)} + \mathbf{d}^{(i)} \tag{6.42}$$

ここに $\mathbf{d}^{(i)}$ は修正量です．

$i+1$ 回目の繰返し計算における式 (6.41) に，式 (6.42) を代入して次式を得ます．

$$\mathbf{F}(\mathbf{x}^{(i)} + \mathbf{d}^{(i)}) = \mathbf{0} \tag{6.43}$$

このとき，式 (6.43) の左辺は次式のようにテイラー展開できます．

$$\mathbf{F}(\mathbf{x}^{(i)}) + \left.\frac{\partial \mathbf{F}}{\partial \mathbf{x}}\right|_{\mathbf{x}^{(i)}} \mathbf{d}^{(i)} + \cdots = \mathbf{0} \tag{6.44}$$

また，式 (6.44) の左辺において，$\mathbf{d}^{(i)}$ の二次以上の高次項を無視すると，$\mathbf{d}^{(i)}$ を決定するための近似式として次式が得られます．

$$\left.\frac{\partial \mathbf{F}}{\partial \mathbf{x}}\right|_{\mathbf{x}^{(i)}} \mathbf{d}^{(i)} \cong -\mathbf{F}(\mathbf{x}^{(i)}) \tag{6.45}$$

式 (6.45) は，$\mathbf{d}^{(i)}$ についての連立一次方程式となります．したがって，$\mathbf{d}^{(i)}$ を求め，式 (6.42) を用いて $\mathbf{x}^{(i+1)}$ を求めます．この一連の手順を $\|\mathbf{F}(\mathbf{x}^{(i+1)})\|$ が十分に小さくなるまで繰り返します．このような手法を，**ニュートン-ラプソン法**といいます．

　ニュートン-ラプソン法は，多変数ベクトルを求めるための方法ですが，一次元問題に適用することも可能です．例えば，$F(x) = x^3 - 8 = 0$ の実根を求める場合，第 i 回目の繰返し点 $x^{(i)}$ において，修正量 $d^{(i)}$ を求める式は $3x^{(i)2}d^{(i)} = -(x^{(i)3} - 8)$ となり，したがって，$x^{(i+1)}$ を求める漸化式は次式のようになります．

$$x^{(i+1)} = x^{(i)} + d^{(i)} = x^{(i)} - \frac{x^{(i)3} - 8}{3x^{(i)2}}$$

ここで，$x^{(0)} = 1$ とすると

$$x^{(1)} = 3.3333, \quad x^{(2)} = 2.4622, \quad x^{(3)} = 2.0813, \quad \cdots$$

のように計算でき，3回の繰返し計算で，ほぼ厳密解 $x = 2$ に収束します．この収束計算の過程を図示すると**図 6.6** のようになります．

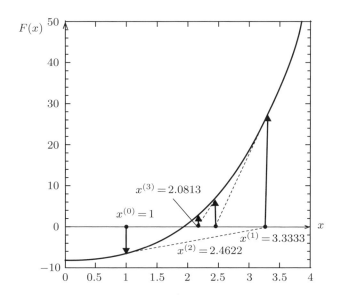

図 6.6　ニュートン-ラプソン法による収束過程

MEMO

第7章 要素の種類を知っておこう

- **7.1** 連続体要素と構造要素
- **7.2** 要素の次数
- **7.3** 定ひずみ要素
- **7.4** アイソパラメトリック要素
- **7.5** はり要素
- **7.6** シェル要素
- **7.7** 低減積分要素，非適合要素，ロッキング

第 7 章　要素の種類を知っておこう

ある日の会話

有限要素法のソフトウェアには，いろいろな種類の要素があるので，どれを使ってよいか，正直，みんな迷ってしまうよね．

確かに……．でも熟練者になれば，実施する解析ごとに，どのような要素を使うのがよいかがおのずとわかってくるものさ！
解析対象となる問題を見きわめ，考えて選ぶことが最適ということだろう．

初心者にはかなり難関だね……．

そうだね！　でもまずは先例にしたがってみるとか，真似してみるとかして，ある程度の経験を積むことが大切だと思うよ．
でも，有限要素法には，すべての要素の特性は，統一的にマトリクスで表現されるという明快さがあるってことが最大の利点だよ．

最大の利点？？

つまり，有限要素法ではマトリクスが最も重要だということさ！
ここでは，いろいろな種類の要素がどのように定式化され，その結果としてどのようなマトリクスができるか，その過程を具体的に学んでおこう．

7.1 連続体要素と構造要素

Point!

- 連続体力学の基礎方程式に基づいて定式化される要素を連続体要素といいます.
- 構造力学の分野で構造部材として用いられる,はりやシェルなどの変形特性を考慮して,定式化される要素を構造要素といいます.
- 構造要素を用いることにより,解析対象の形状によっては少ない節点数,要素数で,精度の良いモデル化が可能になります.

有限要素法で用いられる要素は,連続体力学に基づいて定式化される要素と,はり理論やシェル理論などの構造力学の理論に基づいて定式化される要素に分類されます.前者を**連続体要素**,後者を**構造要素**といいます.

連続体要素は具体的には,**図 7.1** に示すように二次元問題においては四角形や三角形の平面要素を用いて,三次元問題においては六面体,五面体,四面体

(a) 二次元 4 節点四角形一次要素

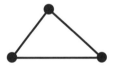
(b) 二次元 3 節点三角形一次要素

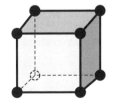
(c) 三次元 8 節点六面体一次要素

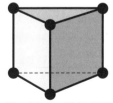
(d) 三次元 6 節点五面体一次要素

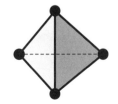
(e) 三次元 4 節点四面体一次要素

図 7.1 連続体要素(一次要素)

の形状を有する立体要素を用いて，解析対象領域を分割します．また，連続体要素を構成する節点に設定される自由度数は，二次元問題においては並進変位成分の 2 つ，三次元問題においては並進変位成分の 3 つです．

対して，構造要素は**図 7.2** に示すように，断面の寸法が長さと比べて小さい棒状構造に対しては，はり要素を用いて，板厚が代表寸法に比べて小さい薄肉構造に対しては，シェル要素を用いて解析対象領域を分割します．また，構造要素を構成する節点に設定される自由度数は，二次元問題においては並進変位成分の 2 つに加えて回転成分の 1 つの合計 3 つ，三次元問題においては並進変位成分の 3 つに加えて回転成分の 3 つの合計 6 つです．

ここで，軸方向に引張り荷重を受ける丸棒を解析対象とすることを考えます．連続体要素に分類される三次元四面体要素を用いたモデルを**図 7.3**(a) に，構造要素に分類される三次元はり要素を用いたモデルを図 7.3(b) に示します．この場合，構造要素を用いたほうが解析モデルの総節点数・総要素数を大幅に削減できていることがわかります．

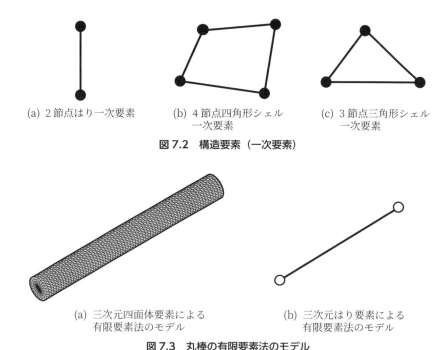

(a) 2 節点はり一次要素　　(b) 4 節点四角形シェル一次要素　　(c) 3 節点三角形シェル一次要素

図 7.2　構造要素（一次要素）

(a) 三次元四面体要素による有限要素法のモデル　　(b) 三次元はり要素による有限要素法のモデル

図 7.3　丸棒の有限要素法のモデル

このように構造物を，常に連続体要素でモデル化することは得策ではなく，場合によっては構造要素を用いたほうが応力解析を効率化できます．一方，断面に外力が一様に分布しない場合についての応力分布を詳細に求めるときには，連続体要素によるモデル化が必要となります．

　また，構造要素の場合，長さと比べて断面寸法が大きい場合や，板厚が代表寸法と比べて小さくない場合など，棒やシェルの仮定から逸脱する場合には，計算はできるものの，精度が得られないことに留意する必要があります．

　なお，これらのいずれでもない要素として，インターフェース要素，ばね要素などの特殊要素があります．構造解析においてはインターフェース要素で要素間の接触や結合特性を，ばね要素で局所的な剛性特性をモデル化します．

7.2 要素の次数

Point!
- 有限要素において，節点における節点変位により，一次の補間式を用いて変位場を近似する要素を低次要素，節点を要素の辺上にも中間節点として配置し，二次以上の補間式を用いて変位場を近似する要素を高次要素といいます．
- 低次要素，高次要素をそれぞれ一次要素，二次要素ともいいます．

7.2.1 補間関数

有限要素法においては，要素内部の値は，要素に設けられた節点における値を用いて補間して近似的に表しています．すなわち，一般に要素 e における空間座標 $\mathbf{x}^{(e)}$ および変位場 $\mathbf{u}^{(e)}$ は，次式のように補間式で近似的に表されます．

$$\mathbf{x}^{(e)} = \mathbf{N}^{(e)} \mathbf{X}^{(e)} \tag{7.1}$$

$$\mathbf{u}^{(e)} = \mathbf{N}^{(e)} \mathbf{U}^{(e)} \tag{7.2}$$

ここに $\mathbf{N}^{(e)}$ は，補間式を構成する形状関数を並べて得られるマトリクス，$\mathbf{X}^{(e)}$，$\mathbf{U}^{(e)}$ は節点座標，節点変位の値を並べた節点座標ベクトル，節点変位ベクトルです．

さらにひずみ場 $\hat{\varepsilon}^{(e)}$ は，マトリクス $\mathbf{B}^{(e)}$ を用いて次式のように表されます．

$$\hat{\varepsilon}^{(e)} = \mathbf{B}^{(e)} \mathbf{U}^{(e)} \tag{7.3}$$

ここに $\hat{\varepsilon}^{(e)}$ は，要素のひずみ成分を並べたベクトルです．

7.2.2 低次要素

図 **7.1**，図 **7.2** に示した連続体要素および構造要素の場合，その形状の頂点のみに節点が設けられ，一次の補間式に基づく補間関数が用いられます．それぞれ，三次元六面体一次要素，三次元五面体一次要素，三次元四面体一次要素，二次元四角形一次要素，二次元三角形一次要素，三次元一次はり要素，

三次元四角形シェル要素，三次元三角形シェル要素と呼ばれ，低次要素に分類されます．

7.2.3 高次要素

図 7.4, **図 7.5** に示した連続体要素および構造要素の場合，その形状の頂点に加えて，要素の辺または線上に中間点が設けられ，二次の補間式に基づく形状関数が用いられます．それぞれ二次元四角形二次要素，二次元三角形二次要素，三次元六面体二次要素，三次元五面体二次要素，三次元四面体二次要素，三次元はり二次要素，三次元四角形シェル二次要素，三次元三角形シェル二次要素と呼ばれ，高次要素に分類されます．

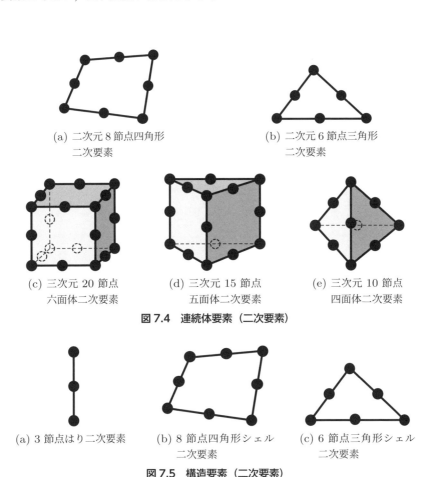

(a) 二次元 8 節点四角形二次要素
(b) 二次元 6 節点三角形二次要素
(c) 三次元 20 節点六面体二次要素
(d) 三次元 15 節点五面体二次要素
(e) 三次元 10 節点四面体二次要素

図 7.4　連続体要素（二次要素）

(a) 3 節点はり二次要素
(b) 8 節点四角形シェル二次要素
(c) 6 節点三角形シェル二次要素

図 7.5　構造要素（二次要素）

なお，以上示した連続体要素，構造要素，低次要素，高次要素に関して，要素の節点数・節点自由度数・要素剛性マトリクスの次元をまとめて**表 7.1** に示します。

表 7.1 要素の節点数・節点自由度数・要素剛性マトリクスの次元

分類	要素名	節点数	節点自由度数	マトリクスの次元
連続体要素	二次元四角形一次要素	4	2	8
	二次元三角形一次要素	3	2	6
	三次元六面体一次要素	8	3	24
	三次元五面体一次要素	6	3	18
	三次元四面体一次要素	4	3	12
構造要素	二次元はり一次要素	2	3	6
	三次元四角形シェル一次要素	4	6	24
	三次元三角形シェル一次要素	3	6	18
連続体要素	二次元四角形二次要素	8	2	16
	二次元三角形二次要素	6	2	12
	三次元六面体二次要素	20	3	60
	三次元五面体二次要素	15	3	45
	三次元四面体二次要素	10	3	30
構造要素	二次元はり二次要素	3	3	9
	三次元四角形シェル二次要素	8	6	48
	三次元三角形シェル二次要素	6	6	36

7.3 定ひずみ要素

Point!

- 要素内のひずみの値が要素内部の位置によらず一定になる要素を定ひずみ要素といいます．
- 二次元問題における三角形一次要素は定ひずみ要素，三次元問題における四面体一次要素は定ひずみ要素です．
- これらの定ひずみ要素の要素剛性マトリクスは，解析的な積分を用いて導出可能です．

7.3.1 二次元三角形一次要素

ここでは，二次元三角形一次要素を定式化した結果を示します．一般に要素剛性マトリクスや要素荷重ベクトルの計算には，数値積分が必要となりますが，ここで示す要素の導出においては，解析的積分が可能です．すなわち，数値積分は不要となります．

①空間座標，変位場の補間

図 **7.6** に示すような二次元 3 節点三角形一次要素 e の空間座標 $\mathbf{x}^{(e)}$，変位場 $\mathbf{u}^{(e)}$ を式 (7.1)，(7.2) の形式で表すと，次式のようになります．

$$\begin{cases} \mathbf{x}^{(e)} = \left\{ x^{(e)} \quad y^{(e)} \right\}^T, \quad \mathbf{u}^{(e)} = \left\{ u^{(e)} \quad v^{(e)} \right\}^T \\ \mathbf{X}^{(e)} = \left\{ x_1^{(e)} \quad y_1^{(e)} \quad x_2^{(e)} \quad y_2^{(e)} \quad x_3^{(e)} \quad y_3^{(e)} \right\}^T \\ \mathbf{U}^{(e)} = \left\{ u_1^{(e)} \quad v_1^{(e)} \quad u_2^{(e)} \quad v_2^{(e)} \quad u_3^{(e)} \quad v_3^{(e)} \right\}^T \\ \mathbf{N}^{(e)} = \begin{bmatrix} 1 - r_1 - r_2 & 0 & r_1 & 0 & r_2 & 0 \\ 0 & 1 - r_1 - r_2 & 0 & r_1 & 0 & r_2 \end{bmatrix} \end{cases} \quad (7.4)$$

式 (7.4) において，r_1, r_2 は自然座標であり，実空間における三角形要素 e は，自然座標空間における 1 辺の長さが 1 の直角二等辺三角形領域に写像され

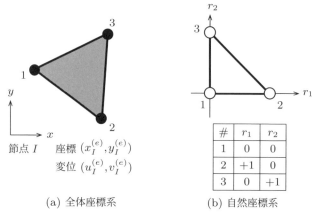

(a) 全体座標系　(b) 自然座標系

図 7.6　二次元三角形一次要素

ます．

②ひずみ場の補間

二次元平面応力問題におけるひずみ場 $\hat{\varepsilon}^{(e)}$ を式 (7.3) の形式で表すと，次式のようになります．

$$\hat{\varepsilon}^{(e)} = \left\{ \varepsilon_x^{(e)} \quad \varepsilon_y^{(e)} \quad \gamma_{xy}^{(e)} \right\}^T$$

$$\mathbf{B}^{(e)} = \frac{1}{2\Delta^{(e)}} \begin{bmatrix} y_2^{(e)}-y_3^{(e)} & 0 & y_3^{(e)}-y_1^{(e)} & 0 & y_1^{(e)}-y_2^{(e)} & 0 \\ 0 & x_3^{(e)}-x_2^{(e)} & 0 & x_1^{(e)}-x_3^{(e)} & 0 & x_2^{(e)}-x_1^{(e)} \\ x_3^{(e)}-x_2^{(e)} & y_2^{(e)}-y_3^{(e)} & x_1^{(e)}-x_3^{(e)} & y_3^{(e)}-y_1^{(e)} & x_2^{(e)}-x_1^{(e)} & y_1^{(e)}-y_2^{(e)} \end{bmatrix}$$

$$\Delta^{(e)} = \frac{1}{2} \left\{ (x_1^{(e)} - x_3^{(e)})(y_2^{(e)} - y_3^{(e)}) - (x_2^{(e)} - x_3^{(e)})(y_1^{(e)} - y_3^{(e)}) \right\} \tag{7.5}$$

式 (7.5) から，二次元 3 節点三角形一次要素のひずみ成分は要素内で一定であることがわかります．

③応力-ひずみ関係式

線形弾性を仮定すると二次元平面応力場 $\hat{\sigma}^{(e)}$ は，弾性マトリクス $\mathbf{D}^{(e)}$ を用いて，次式で表されます．

$$\hat{\sigma}^{(e)} = \mathbf{D}^{(e)} \hat{\varepsilon}^{(e)} \tag{7.6}$$

ここに

$$\hat{\boldsymbol{\sigma}}^{(e)} = \left\{ \sigma_x^{(e)} \quad \sigma_y^{(e)} \quad \tau_{xy}^{(e)} \right\}^T, \quad \mathbf{D}^{(e)} = \begin{bmatrix} \dfrac{E}{1-\nu^2} & \dfrac{\nu E}{1-\nu^2} & 0 \\ \dfrac{\nu E}{1-\nu^2} & \dfrac{E}{1-\nu^2} & 0 \\ 0 & 0 & G \end{bmatrix}$$

です.

④要素剛性マトリクスの導出

二次元3節点三角形要素の要素剛性マトリクス $\mathbf{k}^{(e)}$ は6行6列となり，次式で定義されます．

$$\mathbf{k}^{(e)} = \iint_{A^{(e)}} \mathbf{B}^{(e)T} \mathbf{D}^{(e)} \mathbf{B}^{(e)} \, dxdy \tag{7.7}$$

ここに，$A^{(e)}$ は要素 e の面積領域です．

この場合，式(7.5)から $\mathbf{B}^{(e)}$ は要素内で一定であることを考慮し，さらに要素内で材料特性が均質であるとすると，$\mathbf{D}^{(e)}$ も要素内で一定となるので，式(7.7)の積分は数値積分を用いずに解析的に実施でき，$\mathbf{k}^{(e)}$ は次式のように表されます．

$$\mathbf{k}^{(e)} = \mathbf{B}^{(e)T} \mathbf{D}^{(e)} \mathbf{B}^{(e)} \Delta^{(e)} \tag{7.8}$$

⑤要素荷重ベクトルの導出

要素荷重ベクトルは，物体力による要素荷重ベクトル $\mathbf{f}_B^{(e)}$ と表面力に起因する要素荷重ベクトル $\mathbf{f}_S^{(e)}$ の和として次式で与えられます．

$$\overline{\mathbf{f}}^{(e)} = \overline{\mathbf{f}}_B^{(e)} + \overline{\mathbf{f}}_S^{(e)} \tag{7.9}$$

ここに

$$\overline{\mathbf{f}}_B^{(e)} = \iint_{A^{(e)}} \mathbf{N}^{(e)T} \left\{ \begin{array}{c} \overline{b}_x^{(e)} \\ \overline{b}_y^{(e)} \end{array} \right\} dxdy, \quad \overline{\mathbf{f}}_S^{(e)} = \int_{C_t^{(e)}} \mathbf{N}^{(e)T} \left\{ \begin{array}{c} \overline{t}_x^{(e)} \\ \overline{t}_y^{(e)} \end{array} \right\} dl$$

です．$C_t^{(e)}$ は要素 e の境界線です．

7.3.2 三次元四面体一次要素

ここでは，三次元四面体一次要素を定式化した結果を示します．ここで示す要素の導出においても，解析的積分が可能であるので，数値積分は不要となります．

①空間座標と変位場の補間

図 7.7 に示すような三次元四面体一次要素 e の空間座標 $\mathbf{x}^{(e)}$，変位場 $\mathbf{u}^{(e)}$ を式 (7.1)，(7.2) の形式で表すと，次式のようになります．

$$\mathbf{x}^{(e)} = \left\{ x^{(e)} \quad y^{(e)} \quad z^{(e)} \right\}^T, \quad \mathbf{u}^{(e)} = \left\{ u^{(e)} \quad v^{(e)} \quad w^{(e)} \right\}^T$$

$$\mathbf{X}^{(e)} = \left\{ x_1^{(e)} \quad y_1^{(e)} \quad z_1^{(e)} \quad x_2^{(e)} \quad y_2^{(e)} \quad z_2^{(e)} \quad x_3^{(e)} \quad y_3^{(e)} \quad z_3^{(e)} \quad x_4^{(e)} \quad y_4^{(e)} \quad z_4^{(e)} \right\}^T$$

$$\mathbf{U}^{(e)} = \left\{ u_1^{(e)} \quad v_1^{(e)} \quad w_1^{(e)} \quad u_2^{(e)} \quad v_2^{(e)} \quad w_2^{(e)} \quad u_3^{(e)} \quad v_3^{(e)} \quad w_3^{(e)} \quad u_4^{(e)} \quad v_4^{(e)} \quad w_4^{(e)} \right\}^T$$

$$\mathbf{N}^{(e)} = \begin{bmatrix} 1-r_1-r_2-r_3 & 0 & 0 & r_1 & 0 & 0 & r_2 & 0 & 0 & r_3 & 0 & 0 \\ 0 & 1-r_1-r_2-r_3 & 0 & 0 & r_1 & 0 & 0 & r_2 & 0 & 0 & r_3 & 0 \\ 0 & 0 & 1-r_1-r_2-r_3 & 0 & 0 & r_1 & 0 & 0 & r_2 & 0 & 0 & r_3 \end{bmatrix}$$

(7.10)

式 (7.10) において，r_1, r_2, r_3 は自然座標であり，実空間における四面体要素 e は，自然座標空間における 1 辺の長さが 1 の三角錐領域に写像されます．

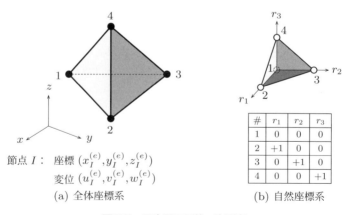

図 7.7 三次元四面体一次要素

②ひずみ場の補間

三次元問題におけるひずみ場 $\hat{\varepsilon}^{(e)}$ を式 (7.3) の形式で表すと，次式のようになります．

$$\hat{\varepsilon}^{(e)} = \left\{ \varepsilon_x^{(e)} \quad \varepsilon_y^{(e)} \quad \varepsilon_z^{(e)} \quad \gamma_{yz}^{(e)} \quad \gamma_{zx}^{(e)} \quad \gamma_{xy}^{(e)} \right\}^T$$

$$\mathbf{B}^{(e)} = \frac{1}{6\Omega^{(e)}} \begin{bmatrix} b_1^{(e)} & 0 & 0 & b_2^{(e)} & 0 & 0 & b_3^{(e)} & 0 & 0 & b_4^{(e)} & 0 & 0 \\ 0 & c_1^{(e)} & 0 & 0 & c_2^{(e)} & 0 & 0 & c_3^{(e)} & 0 & 0 & c_4^{(e)} & 0 \\ 0 & 0 & d_1^{(e)} & 0 & 0 & d_2^{(e)} & 0 & 0 & d_3^{(e)} & 0 & 0 & d_4^{(e)} \\ 0 & d_1^{(e)} & c_1^{(e)} & 0 & d_2 & c_2^{(e)} & 0 & d_3^{(e)} & c_3^{(e)} & 0 & d_4^{(e)} & c_4^{(e)} \\ d_1^{(e)} & 0 & b_1^{(e)} & d_2 & 0 & b_2^{(e)} & d_3^{(e)} & 0 & b_3^{(e)} & d_4^{(e)} & 0 & b_4^{(e)} \\ c_1^{(e)} & b_1^{(e)} & 0 & c_2^{(e)} & b_2^{(e)} & 0 & c_3 & b_3^{(e)} & 0 & c_4^{(e)} & b_4^{(e)} & 0 \end{bmatrix}$$

$$\Omega^{(e)} = \frac{1}{6} \begin{vmatrix} 1 & x_1^{(e)} & y_1^{(e)} & z_1^{(e)} \\ 1 & x_2^{(e)} & y_2^{(e)} & z_2^{(e)} \\ 1 & x_3^{(e)} & y_3^{(e)} & z_3^{(e)} \\ 1 & x_4^{(e)} & y_4^{(e)} & z_4^{(e)} \end{vmatrix} \tag{7.11}$$

ここに

$$b_1^{(e)} = -\begin{vmatrix} 1 & y_2^{(e)} & z_2^{(e)} \\ 1 & y_3^{(e)} & z_3^{(e)} \\ 1 & y_4^{(e)} & z_3^{(e)} \end{vmatrix}, \quad c_1^{(e)} = -\begin{vmatrix} x_2^{(e)} & 1 & z_2^{(e)} \\ x_3^{(e)} & 1 & z_3^{(e)} \\ x_4^{(e)} & 1 & z_3^{(e)} \end{vmatrix}, \quad d_1^{(e)} = -\begin{vmatrix} x_2^{(e)} & y_2^{(e)} & 1 \\ x_3^{(e)} & y_3^{(e)} & 1 \\ x_4^{(e)} & y_4^{(e)} & 1 \end{vmatrix}$$
$$\tag{7.12}$$

です．同様に，$b_i^{(e)}, c_i^{(e)}, d_i^{(e)}$ $(i = 2, 3, 4)$ についても，$1, 2, 3, 4$ を循環することによって定義できます．

③応力-ひずみ関係式

線形等方性弾性を仮定すると三次元応力場 $\hat{\sigma}^{(e)}$ は，弾性マトリクス $\mathbf{D}^{(e)}$ を用いて，次式で表されます．

$$\hat{\sigma}^{(e)} = \mathbf{D}^{(e)} \hat{\varepsilon}^{(e)} \tag{7.13}$$

ここに

$$\hat{\sigma}^{(e)} = \left\{ \sigma_x^{(e)} \quad \sigma_y^{(e)} \quad \sigma_z^{(e)} \quad \tau_{yz}^{(e)} \quad \tau_{zx}^{(e)} \quad \tau_{xy}^{(e)} \right\}^T$$

$$\mathbf{D}^{(e)} = \frac{E}{(1+\nu)(1-2\nu)} \begin{bmatrix} 1-\nu & \nu & \nu & 0 & 0 & 0 \\ \nu & 1-\nu & \nu & 0 & 0 & 0 \\ \nu & \nu & 1-\nu & 0 & 0 & 0 \\ 0 & 0 & 0 & \frac{(1-2\nu)}{2} & 0 & 0 \\ 0 & 0 & 0 & 0 & \frac{(1-2\nu)}{2} & 0 \\ 0 & 0 & 0 & 0 & 0 & \frac{(1-2\nu)}{2} \end{bmatrix}$$

です．

④**要素剛性マトリクスの導出**

三次元 4 節点四面体要素の要素剛性マトリクス $\mathbf{k}^{(e)}$ は 12 行 12 列となり，次式で定義されます．

$$\mathbf{k}^{(e)} = \iiint_{V^{(e)}} \mathbf{B}^{(e)T} \mathbf{D}^{(e)} \mathbf{B}^{(e)} \, dxdydz \tag{7.14}$$

ここに，$V^{(e)}$ は要素 e の体積領域です．

この場合，式 (7.11) から $\mathbf{B}^{(e)}$ は要素内で一定であり，さらに要素内で材料特性が均質であるとすると，$\mathbf{D}^{(e)}$ も要素内で一定となり，式 (7.14) の積分は数値積分を用いずに解析的に実施でき，$\mathbf{k}^{(e)}$ は次式のように表されます．

$$\mathbf{k}^{(e)} = \mathbf{B}^{(e)T} \mathbf{D}^{(e)} \mathbf{B}^{(e)} \Omega^{(e)}$$

⑤**要素荷重ベクトルの導出**

要素荷重ベクトルは，物体力による要素荷重ベクトル $\mathbf{f}_B^{(e)}$ と表面力に起因する要素荷重ベクトル $\mathbf{f}_S^{(e)}$ の和として次式で与えられます．

$$\bar{\mathbf{f}}^{(e)} = \bar{\mathbf{f}}_B^{(e)} + \bar{\mathbf{f}}_S^{(e)} \tag{7.15}$$

ここに

$$\bar{\mathbf{f}}_B^{(e)} = \iiint_{V^{(e)}} \mathbf{N}^{(e)T} \begin{Bmatrix} \bar{b}_x^{(e)} \\ \bar{b}_y^{(e)} \\ \bar{b}_z^{(e)} \end{Bmatrix} dxdydz, \quad \bar{\mathbf{f}}_S^{(e)} = \iint_{S_t^{(e)}} \mathbf{N}^{(e)T} \begin{Bmatrix} \bar{t}_x^{(e)} \\ \bar{t}_y^{(e)} \\ \bar{t}_z^{(e)} \end{Bmatrix} dS$$

です．なお，$S_t^{(e)}$ は要素 e の境界となる三角形形状を有する面です．

7.4 アイソパラメトリック要素

Point!

- 有限要素において節点座標から形状を定義する形状関数と，節点変位から変位場を定義する形状関数が一致するような要素をアイソパラメトリック要素といいます．
- 二次元 4 節点一次要素や三次元 8 節点一次要素が典型的なアイソパラメトリック要素です．
- 一般に剛性マトリクスを計算するためにはルジャンドル–ガウス積分法が用いられます．

7.4.1 二次元 4 節点アイソパラメトリック一次要素

ここでは，二次元 4 節点アイソパラメトリック一次要素の定式化を示します．一般に要素剛性マトリクスや要素荷重ベクトルの計算には，ルジャンドル–ガウス積分法が用いられます．

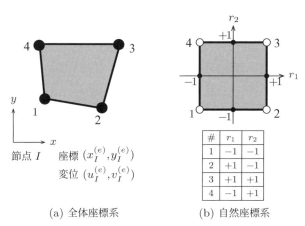

(a) 全体座標系　　(b) 自然座標系

図 7.8　二次元 4 節点アイソパラメトリック一次要素

①空間座標と変位場の補間

図 7.8 に示すような二次元 4 節点アイソパラメトリック一次要素 e の空間座標 $\mathbf{x}^{(e)}$，変位場 $\mathbf{u}^{(e)}$ を式 (7.1)，(7.2) の形式で表すと，次式のようになります．

$$\begin{cases}
\mathbf{x}^{(e)} = \left\{ x^{(e)} \quad y^{(e)} \right\}^T, \quad \mathbf{u}^{(e)} = \left\{ u^{(e)} \quad v^{(e)} \right\}^T \\
\mathbf{X}^{(e)} = \left\{ x_1^{(e)} \quad y_1^{(e)} \quad x_2^{(e)} \quad y_2^{(e)} \quad x_3^{(e)} \quad y_3^{(e)} \quad x_4^{(e)} \quad y_4^{(e)} \right\}^T \\
\mathbf{U}^{(e)} = \left\{ u_1^{(e)} \quad v_1^{(e)} \quad u_2^{(e)} \quad v_2^{(e)} \quad u_3^{(e)} \quad v_3^{(e)} \quad u_4^{(e)} \quad v_4^{(e)} \right\}^T \\
\mathbf{N} = \begin{bmatrix} N_1 & 0 & N_2 & 0 & N_3 & 0 & N_4 & 0 \\ 0 & N_1 & 0 & N_2 & 0 & N_3 & 0 & N_4 \end{bmatrix} \\
N_1(r_1, r_2) = \dfrac{1}{4}(1-r_1)(1-r_2), \quad N_2(r_1, r_2) = \dfrac{1}{4}(1+r_1)(1-r_2) \\
N_3(r_1, r_2) = \dfrac{1}{4}(1+r_1)(1+r_2), \quad N_4(r_1, r_2) = \dfrac{1}{4}(1-r_1)(1+r_2)
\end{cases} \quad (7.16)$$

式 (7.16) において，r_1, r_2 は自然座標であり，四角形要素 e は，1 辺の長さが 2 の正方形領域に写像されます．すなわち，要素内の任意の点 $x^{(e)}, y^{(e)}$ と自然座標 r_1, r_2 は一対一に対応づけることができます．

②ひずみ場の補間

二次元平面応力問題におけるひずみ場 $\hat{\varepsilon}^{(e)}$ を式 (7.3) の形式で表すと，次式のようになります．

$$\begin{cases}
\hat{\varepsilon}^{(e)} = \left\{ \varepsilon_x^{(e)} \quad \varepsilon_y^{(e)} \quad \gamma_{xy}^{(e)} \right\}^T \\
\mathbf{B}^{(e)} = \begin{bmatrix} \dfrac{\partial N_1}{\partial x} & 0 & \dfrac{\partial N_2}{\partial x} & 0 & \dfrac{\partial N_3}{\partial x} & 0 & \dfrac{\partial N_4}{\partial x} & 0 \\ 0 & \dfrac{\partial N_1}{\partial y} & 0 & \dfrac{\partial N_2}{\partial y} & 0 & \dfrac{\partial N_3}{\partial y} & 0 & \dfrac{\partial N_4}{\partial y} \\ \dfrac{\partial N_1}{\partial y} & \dfrac{\partial N_1}{\partial x} & \dfrac{\partial N_2}{\partial y} & \dfrac{\partial N_2}{\partial x} & \dfrac{\partial N_3}{\partial y} & \dfrac{\partial N_3}{\partial x} & \dfrac{\partial N_4}{\partial y} & \dfrac{\partial N_4}{\partial x} \end{bmatrix}
\end{cases}$$

また，2 行 2 列のヤコビマトリクス $\mathbf{J}^{(e)}$ を次式で定義します．

$$\mathbf{J}^{(e)} = \begin{bmatrix} \dfrac{\partial x}{\partial r_1} & \dfrac{\partial y}{\partial r_1} \\ \dfrac{\partial x}{\partial r_2} & \dfrac{\partial y}{\partial r_2} \end{bmatrix} = \begin{bmatrix} J_{11}^{(e)} & J_{12}^{(e)} \\ J_{21}^{(e)} & J_{22}^{(e)} \end{bmatrix} \tag{7.17}$$

ここで，ヤコビマトリクスの各成分は次式で計算できます．

$$\begin{cases} J_{11}^{(e)} = \dfrac{\partial x}{\partial r_1} = \sum_{i=1}^{4} \dfrac{\partial N_i}{\partial r_1} x_i^{(e)}, & J_{12}^{(e)} = \dfrac{\partial y}{\partial r_1} = \sum_{i=1}^{4} \dfrac{\partial N_i}{\partial r_1} y_i^{(e)} \\ J_{21}^{(e)} = \dfrac{\partial x}{\partial r_2} = \sum_{i=1}^{4} \dfrac{\partial N_i}{\partial r_2} x_i^{(e)}, & J_{22}^{(e)} = \dfrac{\partial y}{\partial r_2} = \sum_{i=1}^{4} \dfrac{\partial N_i}{\partial r_2} y_i^{(e)} \end{cases}$$

次に，チェーンルール（連鎖律）を用いると，形状関数 N_i ($i = 1, 2, 3, 4$) の実座標 x, y による微分と，自然座標 r_1, r_2 による微分との関係は次式のようになります．

$$\left\{ \begin{array}{c} \dfrac{\partial N_i(r_1, r_2)}{\partial x} \\ \dfrac{\partial N_i(r_1, r_2)}{\partial y} \end{array} \right\} = \mathbf{J}^{(e)-1} \left\{ \begin{array}{c} \dfrac{\partial N_i(r_1, r_2)}{\partial r_1} \\ \dfrac{\partial N_i(r_1, r_2)}{\partial r_2} \end{array} \right\} \tag{7.18}$$

③応力-ひずみ関係式

二次元三角形一次要素についての式 (7.6) と同じ $\mathbf{D}^{(e)}$ を用います．

④要素剛性マトリクスの導出

二次元 4 節点アイソパラメトリック一次要素の要素剛性マトリクス $\mathbf{k}^{(e)}$ は 8 行 8 列となり，次式で定義されます．

$$\mathbf{k}^{(e)} = \iint_{A^{(e)}} \mathbf{B}^{(e)T} \mathbf{D}^{(e)} \mathbf{B}^{(e)} \, dx dy \tag{7.19}$$

ここに，$A^{(e)}$ は要素 e の面積領域です．

さて，式 (7.19) において $\mathbf{B}^{(e)}$ は自然座標 r_1, r_2 の関数として，また x, y は r_1, r_2 の関数として表されます．したがって，$A^{(e)}$ に関する積分は，自然座標系における原点を中心とする 1 辺が 2 の正方形領域の積分に変換できます．すなわち，要素剛性マトリクス $\mathbf{k}^{(e)}$ は次式のように表されます．

$$\mathbf{k}^{(e)} = \int_{-1}^{1} \int_{-1}^{1} \mathbf{B}^{(e)}(r_1, r_2)^T \mathbf{D}^{(e)} \mathbf{B}^{(e)}(r_1, r_2) \det \mathbf{J}^{(e)} \, dr_1 dr_2 \tag{7.20}$$

式 (7.19) の右辺の二重積分には，ルジャンドル-ガウス積分法を用います．$\mathbf{B}^{(e)}$ は，自然座標 r_1, r_2 について高々一次式ですので，式 (7.20) の右辺の二重積分の被積分関数は，r_1, r_2 について高々二次式となります．したがって，ルジャンドル-ガウス積分法の積分点の数は，それぞれの方向について 2 点で十分です．つまり，二次元自然座標 r_1, r_2 では，$2 \times 2 = 4$ 点で十分です．

⑤要素荷重ベクトルの導出

要素荷重ベクトルは，物体力による要素荷重ベクトル $\mathbf{f}_B^{(e)}$ と表面力に起因する要素荷重ベクトル $\mathbf{f}_S^{(e)}$ の和として次式で与えられます．

$$\overline{\mathbf{f}}^{(e)} = \overline{\mathbf{f}}_B^{(e)} + \overline{\mathbf{f}}_S^{(e)} \tag{7.21}$$

ここに

$$\overline{\mathbf{f}}_B^{(e)} = \int_{-1}^{1} \int_{-1}^{1} \mathbf{N}^T \begin{Bmatrix} \overline{b}_x^{(e)} \\ \overline{b}_y^{(e)} \end{Bmatrix} \det \mathbf{J}^{(e)} \, dr_1 dr_2, \quad \overline{\mathbf{f}}_S^{(e)} = \int_{C_t^{(e)}} \mathbf{N}^T \begin{Bmatrix} \overline{t}_x^{(e)} \\ \overline{t}_y^{(e)} \end{Bmatrix} dl$$

です．

7.4.2 ◆ 三次元 8 節点アイソパラメトリック一次要素

次に，三次元 8 節点アイソパラメトリック一次要素を定式化した結果を示します．一般に要素剛性マトリクスや要素荷重ベクトルの計算には，ルジャンドル-ガウス積分法が用いられます．

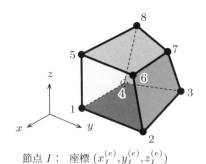
節点 I: 座標 $(x_I^{(e)}, y_I^{(e)}, z_I^{(e)})$
変位 $(u_I^{(e)}, v_I^{(e)}, w_I^{(e)})$

(a) 全体座標系

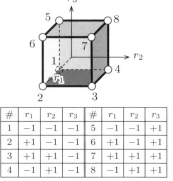

#	r_1	r_2	r_3	#	r_1	r_2	r_3
1	-1	-1	-1	5	-1	-1	$+1$
2	$+1$	-1	-1	6	$+1$	-1	$+1$
3	$+1$	$+1$	-1	7	$+1$	$+1$	$+1$
4	-1	$+1$	-1	8	-1	$+1$	$+1$

(b) 自然座標系

図 7.9　三次元 8 節点アイソパラメトリック一次要素

① 空間座標と変位場の補間

図 7.9 に示すような三次元 8 節点アイソパラメトリック一次要素 e の空間座標 $\mathbf{x}^{(e)}$，変位場 $\mathbf{u}^{(e)}$ を式 (7.1)，(7.2) の形式で表すと，次式のようになります．

$$\begin{cases}
\mathbf{x}^{(e)} = \left\{ x^{(e)} \quad y^{(e)} \quad z^{(e)} \right\}^T, \quad \mathbf{u}^{(e)} = \left\{ u^{(e)} \quad v^{(e)} \quad w^{(e)} \right\}^T \\
\mathbf{X}^{(e)} = \left\{ x_1^{(e)} \quad y_1^{(e)} \quad z_1^{(e)} \quad \cdots \quad x_8^{(e)} \quad y_8^{(e)} \quad z_8^{(e)} \right\}^T \\
\mathbf{U}^{(e)} = \left\{ u_1^{(e)} \quad v_1^{(e)} \quad w_1^{(e)} \quad \cdots \quad u_8^{(e)} \quad v_8^{(e)} \quad w_8^{(e)} \right\}^T \\
\mathbf{N} = \begin{bmatrix} N_1 & 0 & 0 & \cdots & N_8 & 0 & 0 \\ 0 & N_1 & 0 & \cdots & 0 & N_8 & 0 \\ 0 & 0 & N_1 & \cdots & 0 & 0 & N_8 \end{bmatrix} \\
N_1(r_1, r_2, r_3) = \dfrac{1}{8}(1-r_1)(1-r_2)(1-r_3) \\
N_2(r_1, r_2, r_3) = \dfrac{1}{8}(1+r_1)(1-r_2)(1-r_3) \\
N_3(r_1, r_2, r_3) = \dfrac{1}{8}(1+r_1)(1+r_2)(1-r_3) \\
N_4(r_1, r_2, r_3) = \dfrac{1}{8}(1-r_1)(1+r_2)(1-r_3) \\
N_5(r_1, r_2, r_3) = \dfrac{1}{8}(1-r_1)(1-r_2)(1+r_3) \\
N_6(r_1, r_2, r_3) = \dfrac{1}{8}(1+r_1)(1-r_2)(1+r_3) \\
N_7(r_1, r_2, r_3) = \dfrac{1}{8}(1+r_1)(1+r_2)(1+r_3) \\
N_8(r_1, r_2, r_3) = \dfrac{1}{8}(1-r_1)(1+r_2)(1+r_3)
\end{cases} \quad (7.22)$$

式 (7.22) において，r_1, r_2, r_3 は自然座標であり，六面体要素 e は，1 辺の長さが 2 の立方体領域に写像されます．したがって，要素内の任意の点 $x^{(e)}, y^{(e)}, z^{(e)}$ と自然座標 r_1, r_2, r_3 は一対一に対応づけることができます．

②ひずみ場の補間

三次元問題におけるひずみ場 $\varepsilon^{(e)}$ を式 (7.3) の形式で表すと，次式のようになります．

$$\hat{\varepsilon}^{(e)} = \left\{ \varepsilon_x^{(e)} \quad \varepsilon_y^{(e)} \quad \varepsilon_z^{(e)} \quad \gamma_{yz}^{(e)} \quad \gamma_{zx}^{(e)} \quad \gamma_{xy}^{(e)} \right\}^T$$

$$\mathbf{B}^{(e)} = \begin{bmatrix} \frac{\partial N_1}{\partial x} & 0 & 0 & \cdots & \frac{\partial N_8}{\partial x} & 0 & 0 \\ 0 & \frac{\partial N_1}{\partial y} & 0 & \cdots & 0 & \frac{\partial N_8}{\partial y} & 0 \\ 0 & 0 & \frac{\partial N_1}{\partial z} & \cdots & 0 & 0 & \frac{\partial N_8}{\partial z} \\ 0 & \frac{\partial N_1}{\partial z} & \frac{\partial N_1}{\partial y} & \cdots & 0 & \frac{\partial N_8}{\partial z} & \frac{\partial N_8}{\partial y} \\ \frac{\partial N_1}{\partial z} & 0 & \frac{\partial N_1}{\partial x} & \cdots & \frac{\partial N_8}{\partial z} & 0 & \frac{\partial N_8}{\partial x} \\ \frac{\partial N_1}{\partial y} & \frac{\partial N_1}{\partial x} & 0 & \cdots & \frac{\partial N_8}{\partial y} & \frac{\partial N_8}{\partial x} & 0 \end{bmatrix} \quad (7.23)$$

また，3 行 3 列のヤコビマトリクス $\mathbf{J}^{(e)}$ を次式で定義します．

$$\mathbf{J}^{(e)} = \begin{bmatrix} \frac{\partial x}{\partial r_1} & \frac{\partial y}{\partial r_1} & \frac{\partial z}{\partial r_1} \\ \frac{\partial x}{\partial r_2} & \frac{\partial y}{\partial r_2} & \frac{\partial z}{\partial r_2} \\ \frac{\partial x}{\partial r_3} & \frac{\partial y}{\partial r_3} & \frac{\partial z}{\partial r_3} \end{bmatrix} = \begin{bmatrix} J_{11}^{(e)} & J_{12}^{(e)} & J_{13}^{(e)} \\ J_{21}^{(e)} & J_{22}^{(e)} & J_{23}^{(e)} \\ J_{31}^{(e)} & J_{32}^{(e)} & J_{33}^{(e)} \end{bmatrix} \quad (7.24)$$

ここで，ヤコビマトリクスの各成分は次式で計算できます．

$$\begin{cases} J_{11}^{(e)} = \frac{\partial x}{\partial r_1} = \sum_{i=1}^{8} \frac{\partial N_i}{\partial r_1} x_i^{(e)}, \ J_{12}^{(e)} = \frac{\partial y}{\partial r_1} = \sum_{i=1}^{8} \frac{\partial N_i}{\partial r_1} y_i^{(e)}, \ J_{13}^{(e)} = \frac{\partial z}{\partial r_1} = \sum_{i=1}^{8} \frac{\partial N_i}{\partial r_1} z_i^{(e)} \\ J_{21}^{(e)} = \frac{\partial x}{\partial r_2} = \sum_{i=1}^{8} \frac{\partial N_i}{\partial r_2} x_i^{(e)}, \ J_{22}^{(e)} = \frac{\partial y}{\partial r_2} = \sum_{i=1}^{8} \frac{\partial N_i}{\partial r_2} y_i^{(e)}, \ J_{23}^{(e)} = \frac{\partial z}{\partial r_2} = \sum_{i=1}^{8} \frac{\partial N_i}{\partial r_2} z_i^{(e)} \\ J_{31}^{(e)} = \frac{\partial x}{\partial r_3} = \sum_{i=1}^{8} \frac{\partial N_i}{\partial r_3} x_i^{(e)}, \ J_{32}^{(e)} = \frac{\partial y}{\partial r_3} = \sum_{i=1}^{8} \frac{\partial N_i}{\partial r_3} y_i^{(e)}, \ J_{33}^{(e)} = \frac{\partial z}{\partial r_3} = \sum_{i=1}^{8} \frac{\partial N_i}{\partial r_3} z_i^{(e)} \end{cases}$$

次に，チェーンルール（連鎖律）を用いて，形状関数 N_i ($i=1,\ldots,8$) の実座標 x,y,z による微分と，自然座標 r_1,r_2,r_3 による微分との関係は次式のようになります．

$$\left\{\begin{array}{c}\dfrac{\partial N_i(r_1,r_2,r_3)}{\partial x}\\[4pt]\dfrac{\partial N_i(r_1,r_2,r_3)}{\partial y}\\[4pt]\dfrac{\partial N_i(r_1,r_2,r_3)}{\partial z}\end{array}\right\}=\mathbf{J}^{(e)-1}\left\{\begin{array}{c}\dfrac{\partial N_i(r_1,r_2,r_3)}{\partial r_1}\\[4pt]\dfrac{\partial N_i(r_1,r_2,r_3)}{\partial r_2}\\[4pt]\dfrac{\partial N_i(r_1,r_2,r_3)}{\partial r_3}\end{array}\right\} \quad (7.25)$$

③応力-ひずみ関係式

三次元四面体一次要素についての式 (7.13) と同じ $\mathbf{D}^{(e)}$ を用います．

④要素剛性マトリクスの導出

三次元8節点アイソパラメトリック一次要素の要素剛性マトリクス $\mathbf{k}^{(e)}$ は24行24列となり，次式で定義されます．

$$\mathbf{k}^{(e)}=\iiint_{V^{(e)}}\mathbf{B}^{(e)T}\mathbf{D}^{(e)}\mathbf{B}^{(e)}\,dxdydz \quad (7.26)$$

ここに，$V^{(e)}$ は要素 e の体積領域です．

さて，式 (7.23) において $\mathbf{B}^{(e)}$ は自然座標 r_1,r_2,r_3 の関数として，また x,y,z は r_1,r_2,r_3 の関数として表されます．したがって，$V^{(e)}$ に関する積分は自然座標系における，原点を中心とする1辺が2の立方体領域の積分に変換できます．すなわち，要素剛性マトリクス $\mathbf{k}^{(e)}$ は次式のように表されます．

$$\mathbf{k}^{(e)}=\int_{-1}^{1}\int_{-1}^{1}\int_{-1}^{1}\mathbf{B}^{(e)}(r_1,r_2,r_2)^T\mathbf{D}^{(e)}\mathbf{B}^{(e)}(r_1,r_2,r_2)\det\mathbf{J}^{(e)}\,dr_1dr_2dr_3 \quad (7.27)$$

式 (7.27) の右辺の三重積分には，ルジャンドル-ガウス積分法を用います．$\mathbf{B}^{(e)}$ は，自然座標 r_1,r_2,r_3 について高々一次式ですので，式 (7.26) の右辺の三重積分の被積分関数は，r_1,r_2,r_3 について高々二次式となります．したがって，ルジャンドル-ガウス積分法の積分点の数は，それぞれの方向について2点で十分です．つまり，三次元自然座標 r_1,r_2,r_3 では $2\times2\times2$ の8点で十分です．

⑤**要素荷重ベクトルの導出**

要素荷重ベクトルは，物体力による要素荷重ベクトル $\mathbf{f}_B^{(e)}$ と表面力に起因する要素荷重ベクトル $\mathbf{f}_S^{(e)}$ の和として次式で与えられます．

$$\overline{\mathbf{f}}^{(e)} = \overline{\mathbf{f}}_B^{(e)} + \overline{\mathbf{f}}_S^{(e)} \tag{7.28}$$

ここに

$$\begin{cases} \overline{\mathbf{f}}_B^{(e)} = \int_{-1}^{1} \int_{-1}^{1} \int_{-1}^{1} \mathbf{N}^T \begin{Bmatrix} \overline{b}_x^{(e)} \\ \overline{b}_y^{(e)} \\ \overline{b}_z^{(e)} \end{Bmatrix} \det \mathbf{J}^{(e)} \, dr_1 dr_2 dr_3 \\ \overline{\mathbf{f}}_S^{(e)} = \iint_{S_t^{(e)}} \mathbf{N}^T \begin{Bmatrix} \overline{t}_x^{(e)} \\ \overline{t}_y^{(e)} \\ \overline{t}_z^{(e)} \end{Bmatrix} dS \end{cases}$$

です．なお，$S_t^{(e)}$ は要素 e の境界となる，四角形形状を有する面です．

7.5 はり要素

Point!
- はり理論には，ベルヌーイ–オイラーのはり理論とチモシェンコのはり理論があります．
- チモシェンコはり要素ではせん断変形を考慮できます．
- それぞれに対応したはり要素の定式化が可能です．

図 7.10 に示すような三次元 xyz 直交座標系において，x 軸方向に配置された分布荷重を受ける直線状の二次元はりを考えます．ここで，はり部材は x 軸上の線分として表され，2 つの節点を有する有限要素で表すことにします．このとき，はり要素は曲げ変形し，せん断力と曲げモーメントを伝達します．

また，要素を構成する 2 つの節点は，それぞれ鉛直方向（z 方向）変位と y 軸まわりの回転角に関する 2 つの自由度を有します．

はり理論には，ベルヌーイ–オイラーのはり理論とチモシェンコのはり理論があります．ここでは，前者に基づくはり要素を**ベルヌーイ–オイラーはり要素**，後者を**チモシェンコはり要素**といいます．

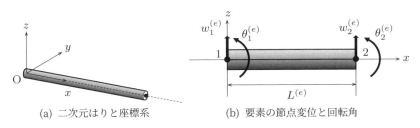

(a) 二次元はりと座標系　　(b) 要素の節点変位と回転角

図 7.10 二次元 2 節点はり要素

7.5.1 ベルヌーイ-オイラーはり要素

ここでは，二次元 2 節点ベルヌーイ-オイラーはり要素の定式化の概要，および結果を示します．

①変位場，ひずみ場，応力場

はりの任意の位置 x, z における x 軸，z 軸方向の変位 u, w は，中立軸上の z 軸方向の変位 $w_0(x)$ を用いて次式で表されます．

$$u(x, z) = -z \frac{dw_0(x)}{dx}, \quad w(x, z) = w_0(x) \tag{7.29}$$

したがって，ひずみ場は次式で表されます．

$$\varepsilon_x = \frac{\partial u}{\partial x} = -z \frac{d^2 w_0(x)}{dx^2}, \quad \gamma_{zx} = \frac{\partial w}{\partial x} + \frac{\partial u}{\partial z} = 0 \tag{7.30}$$

式 (7.30) により，ベルヌーイ-オイラーはり要素で仮定される式 (7.29) で示される変位場からは，面外せん断ひずみ γ_{zx} が生じないことがわかります．この場合，応力場は，垂直ひずみから求まる垂直応力 σ_x のみ存在します．すなわち，次式で表されます．

$$\sigma_x = E \varepsilon_x \tag{7.31}$$

ここに，E はヤング率です．

②仮想仕事の原理

要素 e の長さ $L^{(e)}$ である 2 節点はり要素について，内力の仮想仕事 $W_{\text{int}}^{*(e)}$ と，$-z$ 軸方向に作用する単位長さあたり $\overline{p}_z(x)$ の物体力による外力の仮想仕事 $W_{\text{ext}}^{*(e)}$ は，次式のように表されます．

$$W_{\text{int}}^{*(e)} = \iiint \sigma_x \varepsilon^*_x \, dx dy dz = EI^{(e)} \int_0^{L^{(e)}} \frac{d^2 w_0^{*(e)}}{dx^2} \frac{d^2 w_0^{(e)}}{dx^2} \, dx \tag{7.32a}$$

$$W_{\text{ext}}^{*(e)} = -\int_0^{L^{(e)}} \overline{p}_z(x) w_0^{*(e)} \, dx \tag{7.32b}$$

ここに，$I^{(e)}$ は，y 軸に関する断面二次モーメントであり，次式で表されます．

$$I^{(e)} = \iint z^2 \, dy dz \tag{7.33}$$

③変位の補間関数

2点における中立軸上の z 方向変位と，その傾きが与えられているとき，区間 $[0, L^{(e)}]$ において中立軸上のたわみ w_0 は，次式で補間されます．

$$w_0^{(e)}(x) = \begin{bmatrix} N_1^{(e)}(x) & N_2^{(e)}(x) & N_3^{(e)}(x) & N_4^{(e)}(x) \end{bmatrix} \begin{Bmatrix} w_1^{(e)} \\ \theta_1^{(e)} \\ w_2^{(e)} \\ \theta_2^{(e)} \end{Bmatrix} \quad (7.34)$$

ここに

$$\begin{cases} N_1^{(e)}(x) = 1 - 3\left(\dfrac{x}{L^{(e)}}\right)^2 + 2\left(\dfrac{x}{L^{(e)}}\right)^3 \\ N_2^{(e)}(x) = \left\{\dfrac{x}{L^{(e)}} - 2\left(\dfrac{x}{L^{(e)}}\right)^2 + \left(\dfrac{x}{L^{(e)}}\right)^3\right\} L^{(e)} \\ N_3^{(e)}(x) = 3\left(\dfrac{x}{L^{(e)}}\right)^2 - 2\left(\dfrac{x}{L^{(e)}}\right)^3 \\ N_4^{(e)}(x) = \left\{-\left(\dfrac{x}{L^{(e)}}\right)^2 + \left(\dfrac{x}{L^{(e)}}\right)^3\right\} L^{(e)} \end{cases} \quad (7.35)$$

です．このような補間を**エルミート補間**といいます．上式 (7.34) で定義される w_0 に関する形状関数は，節点 1, 2 において

$$w_0(0) = w_1^{(e)}, \quad w_0'(0) = \theta_1^{(e)}, \quad w_0(L^{(e)}) = w_2^{(e)}, \quad w_0'(L^{(e)}) = \theta_2^{(e)}$$

を満足します．

④要素剛性マトリクスと要素荷重ベクトル

式 (7.34) の x による 2 階微分を式 (7.32a) に代入した結果を用いて，要素剛性マトリクスとして次式を得ます．

$$\mathbf{k}^{(e)} = EI^{(e)} \int_0^{L^{(e)}} \begin{bmatrix} \dfrac{d^2 N_1^{(e)}}{dx^2}\dfrac{d^2 N_1^{(e)}}{dx^2} & \dfrac{d^2 N_1^{(e)}}{dx^2}\dfrac{d^2 N_2^{(e)}}{dx^2} & \dfrac{d^2 N_1^{(e)}}{dx^2}\dfrac{d^2 N_3^{(e)}}{dx^2} & \dfrac{d^2 N_1^{(e)}}{dx^2}\dfrac{d^2 N_4^{(e)}}{dx^2} \\ \dfrac{d^2 N_2^{(e)}}{dx^2}\dfrac{d^2 N_1^{(e)}}{dx^2} & \dfrac{d^2 N_2^{(e)}}{dx^2}\dfrac{d^2 N_2^{(e)}}{dx^2} & \dfrac{d^2 N_2^{(e)}}{dx^2}\dfrac{d^2 N_3^{(e)}}{dx^2} & \dfrac{d^2 N_2^{(e)}}{dx^2}\dfrac{d^2 N_4^{(e)}}{dx^2} \\ \dfrac{d^2 N_3^{(e)}}{dx^2}\dfrac{d^2 N_1^{(e)}}{dx^2} & \dfrac{d^2 N_3^{(e)}}{dx^2}\dfrac{d^2 N_2^{(e)}}{dx^2} & \dfrac{d^2 N_3^{(e)}}{dx^2}\dfrac{d^2 N_3^{(e)}}{dx^2} & \dfrac{d^2 N_3^{(e)}}{dx^2}\dfrac{d^2 N_4^{(e)}}{dx^2} \\ \dfrac{d^2 N_4^{(e)}}{dx^2}\dfrac{d^2 N_1^{(e)}}{dx^2} & \dfrac{d^2 N_4^{(e)}}{dx^2}\dfrac{d^2 N_2^{(e)}}{dx^2} & \dfrac{d^2 N_4^{(e)}}{dx^2}\dfrac{d^2 N_3^{(e)}}{dx^2} & \dfrac{d^2 N_4^{(e)}}{dx^2}\dfrac{d^2 N_4^{(e)}}{dx^2} \end{bmatrix} dx \quad (7.36)$$

次に，式 (7.36) の右辺に式 (7.35) を代入し，解析的積分を用いて次式を得ます．

$$\mathbf{k}^{(e)} = \frac{EI^{(e)}}{L^{(e)3}} \begin{bmatrix} 12 & 6L^{(e)} & -12 & 6L^{(e)} \\ 6L^{(e)} & 4L^{(e)2} & -6L^{(e)} & 2L^{(e)2} \\ -12 & -6L^{(e)} & 12 & -6L^{(e)} \\ 6L^{(e)} & 2L^{(e)2} & -6L^{(e)} & 4L^{(e)2} \end{bmatrix} \quad (7.37)$$

最後に，式 (7.34) を式 (7.32b) に代入した結果を用いて，要素荷重ベクトルとして次式を得ます．

$$\bar{\mathbf{f}}^{(e)} = \begin{Bmatrix} -\int_0^{L^{(e)}} \bar{p}_z(x) \left\{ 1 - 3\left(\frac{x}{L^{(e)}}\right)^2 + 2\left(\frac{x}{L^{(e)}}\right)^3 \right\} dx \\ -\int_0^{L^{(e)}} \bar{p}_z(x) \left\{ \frac{x}{L^{(e)}} - 2\left(\frac{x}{L^{(e)}}\right)^2 + \left(\frac{x}{L^{(e)}}\right)^3 \right\} L^{(e)} dx \\ -\int_0^{L^{(e)}} \bar{p}_z(x) \left\{ 3\left(\frac{x}{L^{(e)}}\right)^2 - 2\left(\frac{x}{L^{(e)}}\right)^3 \right\} dx \\ -\int_0^{L^{(e)}} \bar{p}_z(x) \left\{ \left(\frac{x}{L^{(e)}}\right)^2 + \left(\frac{x}{L^{(e)}}\right)^3 \right\} L^{(e)} dx \end{Bmatrix}$$

7.5.2 チモシェンコはり要素

ここでは，二次元 2 節点チモシェンコはり要素の定式化の概要，および結果を示します．

①変位場，ひずみ場，応力場

はりの任意の位置 x, z における，x 軸，z 軸方向変位 u, w は，中立軸上の z 軸方向の変位 $w_0(x)$ と回転角 $\theta_0(x)$ を用いて次式で表されます．

$$u(x, z) = -z\theta_0(x), \quad w(x, z) = w_0(x) \quad (7.38)$$

したがって，ひずみ場は次式で表されます．

$$\varepsilon_x = \frac{\partial u}{\partial x} = -z\frac{d\theta_0(x)}{dx}, \quad \gamma_{zx} = \frac{dw_0}{dx} - \theta_0 \quad (7.39)$$

式 (7.39) と，チモシェンコはり要素で仮定される式 (7.38) によって示される変位場から，このとき，面外せん断ひずみ γ_{zx} が生じていることがわかり

ます．

　以上により，応力場では垂直ひずみから生ずる垂直応力 σ_x に加えて，面外せん断ひずみ γ_{zx} が生じていることがわかります．したがって，応力場は次式で表されます．

$$\sigma_x = E\varepsilon_x, \quad \tau_{zx} = G\gamma_{zx}$$

ここに G はせん断弾性係数です．

② 仮想仕事の原理

　要素 e の長さ $L^{(e)}$ の 2 節点はり要素について，内力の仮想仕事 $W_{\text{int}}^{*(e)}$ と，$-z$ 軸方向に作用する単位長さあたり $\bar{p}_z(x)$ の，物体力による外力の仮想仕事 $W_{\text{ext}}^{*(e)}$ は，次式のように表されます．

$$\begin{cases} W_{\text{int}}^{*(e)} = \iiint (\sigma_x \varepsilon^*{}_x + \tau_{zx}\gamma_{zx}^*) \, dxdydz \\ \qquad = EI \int_0^{L^{(e)}} \dfrac{d\theta_0^*}{dx}\dfrac{d\theta_0}{dx}\, dx + GA \int_0^{L^{(e)}} \left(\dfrac{dw_0^*}{dx} - \theta_0^*\right)\left(\dfrac{dw_0}{dx} - \theta_0\right) dx \\ W_{\text{ext}}^{*(e)} = -\int_0^{L^{(e)}} \bar{p}_z(x) w_0^* \, dx \end{cases} \quad (7.40)$$

③ 変位の補間関数

　要素の節点には，中立軸上の z 方向の変位と，その傾きを割り当て，区間 $[0, L^{(e)}]$ において，中立軸上のたわみ w_0 とたわみ角 θ_0 を独立に，次式で線形補間します．

$$\begin{cases} w_0^{(e)}(x) = \begin{bmatrix} N_1^{(e)}(x) & N_2^{(e)}(x) \end{bmatrix} \begin{Bmatrix} w_1^{(e)} \\ w_2^{(e)} \end{Bmatrix} \\ \theta_0^{(e)}(x) = \begin{bmatrix} N_1^{(e)}(x) & N_2^{(e)}(x) \end{bmatrix} \begin{Bmatrix} \theta_1^{(e)} \\ \theta_2^{(e)} \end{Bmatrix} \end{cases} \quad (7.41)$$

ここに

$$N_1^{(e)}(x) = 1 - \frac{x}{L^{(e)}}, \quad N_2^{(e)}(x) = \frac{x}{L^{(e)}} \quad (7.42)$$

です．

④要素剛性マトリクスと要素荷重ベクトル

式 (7.41) とそれらの x による 1 階微分などを式 (7.40) に代入した結果を用いて，要素剛性マトリクスとして次式を得ます．

$$\mathbf{k}^{(e)} = \mathbf{k}_B^{(e)} + \mathbf{k}_S^{(e)} \tag{7.43}$$

ここに

$$\mathbf{k}_B^{(e)} = EI^{(e)} \int_0^{L^{(e)}} \begin{bmatrix} 0 & 0 & 0 & 0 \\ 0 & \dfrac{dN_1^{(e)}}{dx}\dfrac{dN_1^{(e)}}{dx} & 0 & \dfrac{dN_1^{(e)}}{dx}\dfrac{dN_2^{(e)}}{dx} \\ 0 & 0 & 0 & 0 \\ 0 & \dfrac{dN_1^{(e)}}{dx}\dfrac{dN_2^{(e)}}{dx} & 0 & \dfrac{dN_2^{(e)}}{dx}\dfrac{dN_2^{(e)}}{dx} \end{bmatrix} dx$$

$$\mathbf{k}_S^{(e)} = GI^{(e)} \int_0^{L^{(e)}} \begin{bmatrix} \dfrac{dN_1^{(e)}}{dx}\dfrac{dN_1^{(e)}}{dx} & -N_1^{(e)}\dfrac{dN_1^{(e)}}{dx} & \dfrac{dN_1^{(e)}}{dx}\dfrac{dN_2^{(e)}}{dx} & -N_2^{(e)}\dfrac{dN_1^{(e)}}{dx} \\ -N_1^{(e)}\dfrac{dN_1^{(e)}}{dx} & N_1^{(e)2} & -N_1^{(e)}\dfrac{dN_2^{(e)}}{dx} & N_1^{(e)}N_2^{(e)} \\ \dfrac{dN_1^{(e)}}{dx}\dfrac{dN_2^{(e)}}{dx} & -N_1^{(e)}\dfrac{dN_2^{(e)}}{dx} & \dfrac{dN_2^{(e)}}{dx}\dfrac{dN_2^{(e)}}{dx} & -N_2^{(e)}\dfrac{dN_2^{(e)}}{dx} \\ -N_2^{(e)}\dfrac{dN_1^{(e)}}{dx} & N_1^{(e)}N_2^{(e)} & -N_2^{(e)}\dfrac{dN_2^{(e)}}{dx} & N_2^{(e)2} \end{bmatrix} dx$$

(7.44)

です．式 (7.44) の右辺にそれぞれ式 (7.42) を代入して次式を得ます．

$$
\begin{cases}
\mathbf{k}_B^{(e)} = \dfrac{EI^{(e)}}{L^{(e)}} \begin{bmatrix} 0 & 0 & 0 & 0 \\ 0 & 1 & 0 & -1 \\ 0 & 0 & 0 & 0 \\ 0 & -1 & 0 & 1 \end{bmatrix} \\[2em]
\mathbf{k}_S^{(e)} = \dfrac{GA^{(e)}}{L^{(e)}} \begin{bmatrix} 1 & \dfrac{L^{(e)}}{2} & -1 & \dfrac{L^{(e)}}{2} \\ \dfrac{L^{(e)}}{2} & \dfrac{L^{(e)2}}{3} & -\dfrac{L^{(e)}}{2} & \dfrac{L^{(e)2}}{6} \\ -1 & -\dfrac{L^{(e)}}{2} & 1 & -\dfrac{L^{(e)}}{2} \\ \dfrac{L^{(e)}}{2} & \dfrac{L^{(e)2}}{6} & -\dfrac{L^{(e)}}{2} & \dfrac{L^{(e)2}}{3} \end{bmatrix}
\end{cases} \quad (7.45)
$$

また，式 (7.41) を式 (7.40) に代入した結果を用いて，要素荷重ベクトルとして次式を得ます．

$$
\bar{\mathbf{f}}^{(e)} = \begin{Bmatrix} -\int_0^{L^{(e)}} \bar{p}_z(x)\left(1 - \dfrac{x}{L^{(e)}}\right) dx \\ 0 \\ -\int_0^{L^{(e)}} \bar{p}_z(x) \dfrac{x}{L^{(e)}} dx \\ 0 \end{Bmatrix}
$$

なお，薄肉はりのモデル化にチモシェンコはり要素を用いた場合に，剛性が過度に大きくなり，理論解よりも小さなたわみが得られることがあります．これは 171 ページで後述する**ロッキング現象**です．

この問題を解決するために，式 (7.44) の積分を厳密に積分せずに，要素の中央点で評価することにより，修正されたせん断剛性マトリクスとして次式を得ます．

$$\mathbf{k}_S^{(e)'} = \frac{GA^{(e)}}{L^{(e)}} \begin{bmatrix} 1 & \dfrac{L^{(e)}}{2} & -1 & \dfrac{L^{(e)}}{2} \\ \dfrac{L^{(e)}}{2} & \dfrac{L^{(e)2}}{4} & -\dfrac{L^{(e)}}{2} & \dfrac{L^{(e)2}}{4} \\ -1 & -\dfrac{L^{(e)}}{2} & 1 & -\dfrac{L^{(e)}}{2} \\ \dfrac{L^{(e)}}{2} & \dfrac{L^{(e)2}}{4} & -\dfrac{L^{(e)}}{2} & \dfrac{L^{(e)2}}{4} \end{bmatrix} \tag{7.46}$$

式 (7.46) で定義された $\mathbf{k}_S^{(e)'}$ を用いることによって，ロッキング現象は緩和され，妥当な結果が得られるようになります．

シェル要素

> **Point!**
> - 板理論には，キルヒホッフ–ラブの理論とミンドリン–ライスナーの理論があり，シェル要素は板理論に基づき定式化されます．
> - ミンドリン–ライスナーの板理論に基づくシェル要素は，面外せん断変形を考慮でき，厚肉曲面シェルにも適用できます．
> - 面外せん断剛性に関するロッキングを回避するために，低減積分法やひずみ仮定法による面外せん断ひずみの補間が適用されます．

7.6.1 板理論

構造力学分野において，さまざまな板理論が提案されていますが，概して，ベルヌーイ–オイラーのはり理論はキルヒホッフ–ラブの板理論に，チモシェンコのはり理論は，ミンドリン–ライスナーの板理論に対応しています．

キルヒホッフ–ラブの板理論では，中央面に垂直な断面は変形後も垂直を保ち，**ミンドリン–ライスナーの板理論**では，中央面に垂直な断面は変形後も平面を保つものの，中央面に垂直とは限りません．

シェル要素は，これらの板理論に基づいて定式化されます．

7.6.2 縮退シェル要素

ここでは，ミンドリン–ライスナーの板理論に基づく，面外せん断変形を考慮でき厚肉曲面シェルにも適用できる，アイソパラメトリック縮退シェル要素の定式化の概要を示します．

①座標，変位場の補間

図 7.11 に示すようなシェル要素内部の点の座標 x と変位 u を，節点座標および節点変位を用いて次式で表します．

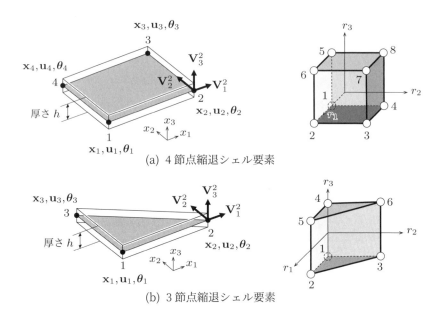

図 7.11　4 節点/3 節点縮退シェル要素

$$\begin{cases} \mathbf{x} = \displaystyle\sum_{k=1}^{m} N_k(r_1, r_2) \left\{ \mathbf{x}_k + \frac{h}{2} r_3 \mathbf{V}_3^k \right\} \\ \mathbf{u} = \displaystyle\sum_{k=1}^{m} N_k(r_1, r_2) \left\{ \mathbf{u}_k + \frac{h}{2} r_3 (-\alpha_k \mathbf{V}_2^k + \beta_k \mathbf{V}_1^k) \right\} \end{cases} \tag{7.47}$$

ここに，$\mathbf{x}_k, \mathbf{u}_k$ は節点座標，節点の並進変位ベクトル，h は板厚，$\mathbf{V}_3^k$ は節点 k におけるディレクターベクトル，$\mathbf{V}_1^k, \mathbf{V}_2^k$ は $\mathbf{V}_3^k$ に直交するベクトル，α_k, β_k は $\mathbf{V}_1^k, \mathbf{V}_2^k$ まわりの回転角です．また，m は要素を構成する節点数で，四角形要素の場合は 4，三角形要素の場合は 3 です．r_1, r_2, r_3 は自然座標です．

なお，式 (7.47) においては，節点自由度は並進変位 $\mathbf{u}_k$ が 3，回転自由度が α_k, β_k の 2 自由度ですが，実際問題に適用する際には，直交座標 xyz において，x, y, z 軸まわりの回転 $\theta_{xk}, \theta_{yk}, \theta_{zk}$ と α_k, β_k を次式で関係づけることができます．

$$-\alpha_k \mathbf{V}_2^k + \beta_k \mathbf{V}_1^k = \mathbf{\Phi}_k \boldsymbol{\theta}_k \tag{7.48}$$

ここに，

$$\boldsymbol{\theta}_k = \begin{Bmatrix} \theta_{xk} & \theta_{yk} & \theta_{zk} \end{Bmatrix}^T, \quad \boldsymbol{\Phi}_k = \begin{bmatrix} -\mathbf{V}_2^k & \mathbf{V}_1^k \end{bmatrix} \begin{bmatrix} \mathbf{V}_1^{kT} \\ \mathbf{V}_2^{kT} \end{bmatrix} \tag{7.49}$$

です．式 (7.48) と (7.49) から，シェル要素の節点あたりの自由度は，並進 3 成分と回転 3 成分の合計である 6 になることがわかります．

② 自然座標系への写像

式 (7.47) により，直交座標 xyz は自然座標 r_1, r_2, r_3 と一対一に対応します．したがって三次元 xyz 座標系におけるシェル領域は，自然座標系における領域に写像されます．すなわち，自然座標系において，四角形要素は立方体領域に，三角形要素は五面体に写像されます．

このように，4 節点要素，3 節点要素は，8 節点六面体要素，6 節点五面体要素を板厚方向に縮退させたものと考えられるので，**縮退シェル要素**ともいわれます．

③ 数値積分

このようなシェル要素の定式化においては，連続体要素に対する定式化と同様な方法で，三次元の仮想仕事の原理を適用できます．

すなわち，自然座標系における r_1, r_2 面内での積分には，ルジャンドル-ガウス積分法が，r_3 方向の積分にはニュートン-コーツの公式が用いられます．

④ せん断ロッキングの回避法

チモシェンコはり要素の定式化の場合と同様に，このようなシェル要素においては，薄肉の条件下で，せん断剛性を過大評価するせん断ロッキングの問題が生じます（**ロッキング現象**）．

この問題を回避するために，低減積分法やひずみ仮定法が適用されます．

具体的には**低減積分法**では，面内の積分点を 1 点積分に変更します．**ひずみ仮定法**では，自然座標系における面外せん断ひずみ γ_{31}, γ_{32} に関して，これらの量を r_1, r_2 平面内においてサンプリング点で評価した上で，値を適切な補間関数を用いて要素内で補間し直す方法が用いられます．

7.7 低減積分要素，非適合要素，ロッキング

 Point!

- 2×2 のガウス-ルジャンドル積分法を適用する二次元4節点四角形要素を曲げ問題に適用する場合，曲げを受ける断面の高さ方向の分割が十分でないと，過度に変形が小さくなる現象が生します．この現象をせん断ロッキングといいます．
- せん断ロッキングの解決方法として，要素剛性マトリクスを計算する際，積分の次数を1つ減らす低減積分法や，曲げ変形を表現できる基底関数を追加する非適合要素が利用されます．

長さ L，高さ H，幅 B，ヤング率 E，ポアソン比 ν の片持ちはりを考え，はりの左端を完全固定し，右端の最上部に集中荷重 P を負荷する問題を設定します．ここでは，$L = 100\,\mathrm{mm}$，$H = 5\,\mathrm{mm}$，$B = 1\,\mathrm{mm}$，$E = 200\,\mathrm{GPa}$，$\nu = 0.3$，$P = 1\,\mathrm{N}$ とします．この問題についてのはりの先端のたわみ δ は，材料力学の公式により，

$$\delta = \frac{PL^3}{3EI}$$

で与えられます．ここに I は断面二次モーメントで

$$I = \frac{BH^3}{12}$$

です．この場合，$\delta = 0.16\,\mathrm{mm}$ となります．

さて，これを二次元平面応力問題として扱い，片持ちはりを**図 7.12**，**図 7.13** に示すように二次元三角形一次要素，二次元四角形一次要素を用いて，さまざまな要素に分割し，有限要素法解析を実施します．

そして，得られた先端の鉛直方向の変位の理論解で除した結果をまとめて**表 7.2** に示します．これらは，たわみの計算結果をはり理論解で除した値を示しています．

概して二次元三角形一次要素モデルでは，精度の良い解が得られません．こ

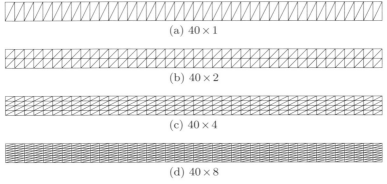

図 7.12 せん断力を受ける片持ちはりの解析に用いる有限要素モデル
（三角形要素による分割）

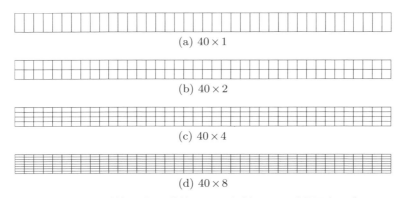

図 7.13 せん断力を受ける片持ちはりの解析に用いる有限要素モデル
（四角形要素による分割）

れは，二次元三角形一次要素ではひずみ一定，ひいては応力一定の状態となり，したがって，高さ方向にひずみが線形に変化するひずみ場を精度良く表すことができないことが原因です．すなわち，せん断剛性を過大に評価する**ロッキング現象**が起こります．

二次元四角形一次要素でも，はりの高さ方向の分割を増やすと精度は改善されるものの，分割数が少ないと精度はあまり良くありません．すなわち，せん断剛性を過大に評価するロッキング現象が起こります．

このような問題を解決するために，四角形要素については，**低減積分要素**の導入や，**非適合要素**が用いられます．

表 7.2　せん断力を受ける片持ちはりの解析結果（無次元化たわみ）

要素種類	要素分割			
	40 × 1	40 × 2	40 × 4	40 × 8
三角形一次要素	0.28058	0.53764	0.69812	0.75500
四角形一次要素	0.83813	0.89250	0.90687	0.97562
四角形一次非適合要素	1.00000	1.00000	1.0000	1.0000
四角形一次低減積分要素	554.56*	1.3337	1.0675	1.0169

　前者は，積分点を自然座標系における正方形領域の中心，すなわち，$r_1 = r_2 = 0$ の 1 点に低減する方法です．しかし，このとき，しばしば**アワーグラスモード**と呼ばれる虚偽の変形形状が得られてしまうことがあります．そのような場合には，虚偽の変形形状が現れないように，アワーグラス状の変形に抵抗する剛性を付加する場合があります．このような処理を**アワーグラス制御**といいます．

　一方，後者は，変位に関する形状関数に，曲げ変形を表現できる基底関数を導入する要素です．具体的には次式のように変位の形状関数を定義します．

$$\mathbf{u}^{(e)} = \sum_{k=1}^{4} N_k(r_1, r_2) \mathbf{u}_k^{(e)} + (1 - r_1^2) \mathbf{u}_5^{(e)} + (1 - r_2^2) \mathbf{u}_6^{(e)} \tag{7.50}$$

このような形状関数を用いた場合の変位場は，隣接する要素とすき間なく完全に同じ変位になるとは限りません．すなわち，変位場は要素間で「適合」しません．したがってこの要素は，非適合要素と呼ばれます．一方，要素間で非適合であるにもかかわらず，この要素は，曲げ変形下の解析精度を大幅に改善します．また，式 (7.50) の右辺の第 2 項，3 項の基底関数を**非適合モード**といいます．

　低減積分要素や非適合要素を用いた，二次元四角形一次要素によるはり問題の解析結果を，**表 7.2** に追記しました．このような方法により，要素特性が改善され，はりの高さ方向を細かく分割しなくても，良い精度が得られることがわかります．

　ただし，はりの高さ方向に 1 分割した場合の低減積分法による解（表中の*）は，明らかに妥当ではないものになっています．

第8章 解析方法を選択しよう

- **8.1** 静的解析と動的解析
- **8.2** 線形解析と非線形解析
- **8.3** 振動固有値問題
- **8.4** モード法による過渡応答解析
- **8.5** 動的陽解法
- **8.6** 座屈解析

第 8 章　解析方法を選択しよう

ある日の会話

有限要素法で，静止しているものだけでなく，動いているものの解析もできるか？って質問があったから，もちろんできると答えたよ．

それは静止したものの解析「静的解析」に対して，「動的解析」といって，慣性力や減衰力も考慮する場合だね．例えば，地震荷重を受ける建物の解析とかね．

そういえば，嵐のときに橋が大きくゆれて……，やがてゆがんで壊れてしまう映像を見たことがあるよ．

それは「共振」現象のことだね．
振動している物体の共振振動数と外力の振動数が一致すると，さらに振動は大きくなるよ．
有限要素法では，固有振動解析を行えばその現象も再現できるんだ．

でも，変形が大きくなると，
応力とひずみの関係が線形でなくなってしまうよね？

線形でなくなるなら，非線形解析を行えばいいのさ！
ここでは，有限要素法を用いて実施可能な
さまざまな種類の解析方法について学んでおこう．

8.1 静的解析と動的解析

> **Point!**
> - 構造解析において，慣性力や減衰力の効果を考慮しない解析を静的解析といいます．一方，それらを考慮する解析を動的解析といいます．
> - 動的解析の基礎式は時間微分項を含むので，それを解くためには，時間積分する必要があります．

8.1.1 動的解析の基礎式

1.4.2項（22〜24ページ）で示した連続体の基礎方程式において，外力として慣性力を考慮すると，仮想仕事の原理式は次式のように表されます．

$$\iiint_V \{\sigma_x \varepsilon_x^* + \sigma_y \varepsilon_y^* + \sigma_z \varepsilon_z^* + \tau_{xy} \gamma_{xy}^* + \tau_{zx} \gamma_{zx}^* + \tau_{yz} \gamma_{yz}^*\} dxdydz$$
$$= \iiint_V (\bar{b}_x u^* + \bar{b}_y v^* + \bar{b}_z w^*) dxdydz + \iint_{S_t} (\bar{t}_x u^* + \bar{t}_y v^* + \bar{t}_z w^*) ds$$
$$- \iiint_V (\rho \ddot{u} u^* + \rho \ddot{v} v^* + \rho \ddot{w} w^*) dxdydz \tag{8.1}$$

ここに，˙は時刻 t における1階微分，¨は同じく2階微分を表します．ρ は質量密度です．

式 (8.1) は，静的問題についての仮想仕事の原理式の，外力の仮想仕事の項に，物体力である慣性力が追加された式になっています．式 (8.1) を有限要素法で離散化し，その式が任意の仮想変位について成立する条件から次式を得ます．

$$\mathbf{Q} = \mathbf{F}_{\text{ex}} - \mathbf{M}\ddot{\mathbf{U}} \tag{8.2}$$

ここに $\mathbf{F}_{\text{ex}}$ を外力ベクトル，$\mathbf{U}$ を節点変位ベクトル，$\mathbf{Q}$ を内力ベクトル，$\mathbf{M}$ を質量マトリクスといいます．このとき，$\mathbf{Q}$ と $\mathbf{M}$ は次式で定義されます．

$$\mathbf{Q} = \sum_e \iiint_{V^{(e)}} \mathbf{B}^{(e)T} \hat{\boldsymbol{\sigma}}^{(e)} dV, \quad \mathbf{M} = \sum_e \iiint_{V^{(e)}} \rho \mathbf{N}^{(e)T} \mathbf{N}^{(e)} dV \tag{8.3}$$

ここに，$\mathbf{N}^{(e)}$ は要素 e における変位の補間式，$\mathbf{B}^{(e)}$ はひずみの補間式，$\hat{\boldsymbol{\sigma}}^{(e)}$ は応力成分を並べたベクトルです．

8.1.2 ◆ 質量マトリクス

要素 e の質量マトリクス $\mathbf{m}^{(e)}$ は，次式で定義されます．

$$\mathbf{m}^{(e)} = \iiint_{V^{(e)}} \rho \mathbf{N}^{(e)T} \mathbf{N}^{(e)} \, dV \tag{8.4}$$

この $\mathbf{m}^{(e)}$ は，基本的に要素剛性マトリクスを定式化する際に用いた $\mathbf{N}^{(e)}$ を用いて算出することができます．このようにして得られるものをまとめて，**整合（コンシステント）質量マトリクス**といいます．

対して，対角マトリクス形式で表される質量マトリクスを**集中質量（ランプト）マトリクス**といいます．

例えば，三次元 8 節点要素の集中質量マトリクスは，六面体の体積を 8 つの節点の各自由度に振り分けることにより，次式のように表します．

$$\mathbf{m}^{(e)} = \begin{bmatrix} \frac{\rho V^{(e)}}{8} & 0 & 0 & 0 & 0 & 0 \\ 0 & \frac{\rho V^{(e)}}{8} & 0 & 0 & 0 & 0 \\ 0 & 0 & \frac{\rho V^{(e)}}{8} & 0 & 0 & 0 \\ 0 & 0 & 0 & \ddots & & \\ 0 & 0 & 0 & \frac{\rho V^{(e)}}{8} & 0 & 0 \\ 0 & 0 & 0 & 0 & \frac{\rho V^{(e)}}{8} & 0 \\ & & & 0 & 0 & \frac{\rho V^{(e)}}{8} \end{bmatrix} \tag{8.5}$$

ここに，$V^{(e)}$ は要素の体積です．

8.1.3 ◆ 動的問題についての基礎式

ひずみ-変位関係，応力-ひずみ関係に非線形性を有する場合や，接触問題では，内力と変位の関係は非線形になるので，このとき式 (8.2) の $\mathbf{Q}$ は $\mathbf{U}$ に関する非線形の関数となります．さらに，減衰を考慮する場合には，減衰力を導入する必要があるため，速度に比例する減衰力がしばしば導入されます．

したがって，動的問題についての有限要素法により，空間離散化された運動方程式は，次式のように表されます．

$$\mathbf{Q}(\mathbf{U}(t)) = \mathbf{F}_{\mathrm{ex}}(t) - \mathbf{C}\dot{\mathbf{U}}(t) - \mathbf{M}\ddot{\mathbf{U}}(t) \tag{8.6}$$

なお，式 (8.6) は，時間に関してはまだ離散化されていないので，**半離散化運動方程式**とも呼ばれます．式 (8.6) が有限要素法による動的解析の基礎式となります．

すなわち，式 (8.6) に適切な初期条件を与え，適切な時間積分法を用いて解き進めれば，構造物の変位に関する時刻歴応答を計算することができます．また，変位が求まった後，静的問題と同様な手順で，拘束点反力，ひずみ，応力の応答を求めることができます．

このような解法を**動的問題の直接解法**といいます．

8.1.4 ◆ 静的解析の基礎式

さらに，慣性力や減衰力の効果を無視することができ，時間変化を考えない場合には，式 (8.6) は次のように書き換えられます．

$$\mathbf{Q}(\mathbf{U}) = \mathbf{F}_{\mathrm{ex}} \tag{8.7}$$

この式は，有限要素法による静的解析の基礎式となります．

8.2 線形解析と非線形解析

> **Point!**
> - 有限要素法による構造解析において,内力が変位に関して線形になる場合を線形解析,そうでない場合を非線形解析といいます.
> - 非線形性は,応力-ひずみ関係の非線形性に起因する材料非線形性,ひずみ-変位関係の非線形性に起因する幾何学的非線形性,接触問題などの境界非線形性に分類されます.
> - 非線形問題を解くためには,一般に,増分解析とニュートン-ラプソン法による繰返し計算を組み合わせた方法が必要となります.

8.2.1 線形問題

微小変形理論が成立し,構成則として線形弾性を仮定でき,接触を考慮しない場合には,一般に内力ベクトル $\mathbf{Q}$ は,変位ベクトル $\mathbf{U}$ に比例します.すなわち,次式のように表されます.

$$\mathbf{Q}(t) = \mathbf{K}\mathbf{U}(t) \tag{8.8}$$

ここに $\mathbf{K}$ は剛性マトリクスであり,時間に依存しない定数となります.

①静的解析

このとき,線形静的解析の基礎式 (8.7) は次式のように表されます.

$$\mathbf{K}\mathbf{U} = \mathbf{F}_{\mathrm{ex}} \tag{8.9}$$

式 (8.9) に示す連立一次方程式を解くことによって,変位ベクトル $\mathbf{U}$ を求めることができます.

②動的解析

このとき,動的解析の基礎式 (8.6) は次式のように表されます.

$$\mathbf{K}\mathbf{U}(t) = \mathbf{F}_{\mathrm{ex}}(t) - \mathbf{C}\dot{\mathbf{U}}(t) - \mathbf{M}\ddot{\mathbf{U}}(t) \tag{8.10}$$

式 (8.10) は，有限要素法によって空間的に離散化されているものの，時刻 t に関する常微分を含んでいます．したがって，式 (8.10) の解を求めるには時間積分が必要になります．

時刻に関する 2 階微分を含む動的解析においては，しばしば時間積分法として**ニューマーク β 法**が用いられます．この方法は，時刻 t における変位，速度，加速度が既知であるとき，時刻 $t + \Delta t$ における変位，速度，加速度を求めます．この方法では，変位と速度を次式のように仮定します．

$$\begin{cases} \mathbf{U}(t + \Delta t) = \mathbf{U}(t) + \Delta t \dot{\mathbf{U}}(t) + \Delta t^2 \left(\frac{1}{2} - \beta\right) \ddot{\mathbf{U}}(t) + \Delta t^2 \beta \ddot{\mathbf{U}}(t + \Delta t) \\ \dot{\mathbf{U}}(t + \Delta t) = \dot{\mathbf{U}}(t) + \Delta t(1 - \gamma)\ddot{\mathbf{U}}(t) + \Delta t \gamma \ddot{\mathbf{U}}(t + \Delta t) \end{cases}$$
(8.11)

ここに，β, γ は調整パラメータです．

式 (8.11) は，次式のように書き直すことができます．

$$\begin{cases} \ddot{\mathbf{U}}(t + \Delta t) = \frac{1}{\beta(\Delta t)^2}(\mathbf{U}(t + \Delta t) - \mathbf{U}(t)) - \frac{1}{\beta \Delta t}\dot{\mathbf{U}}(t) - \left(\frac{1}{2\beta} - 1\right)\ddot{\mathbf{U}}(t) \\ \dot{\mathbf{U}}(t + \Delta t) = \frac{1}{2\beta \Delta t}(\mathbf{U}(t + \Delta t) - \mathbf{U}(t)) - \left(\frac{1}{2\beta} - 1\right)\dot{\mathbf{U}}(t) - \left(\frac{1}{4\beta} - 1\right)\Delta t \ddot{\mathbf{U}}(t) \end{cases}$$
(8.12)

式 (8.12) を，時刻 $t + \Delta t$ において成立する式 (8.10) に代入して整理して次式を得ます．

$$\left(\frac{1}{\beta(\Delta t)^2}\mathbf{M} + \frac{1}{2\beta \Delta t}\mathbf{C} + \mathbf{K}\right) \mathbf{U}(t + \Delta t)$$
$$= \mathbf{F}_{\text{ex}}(t + \Delta t) + \mathbf{M}\left\{\left(\frac{1}{2\beta} - 1\right)\ddot{\mathbf{U}}(t) + \frac{1}{\beta \Delta t}\dot{\mathbf{U}}(t) + \frac{1}{\beta(\Delta t)^2}\mathbf{U}(t)\right\}$$
$$+ \mathbf{C}\left\{\left(\frac{1}{4\beta} - 1\right)\Delta t \ddot{\mathbf{U}}(t) + \left(\frac{1}{2\beta} - 1\right)\dot{\mathbf{U}}(t) + \frac{1}{2\beta \Delta t}\mathbf{U}(t)\right\} \quad (8.13)$$

式 (8.13) は，

$$\frac{1}{\beta(\Delta t)^2}\mathbf{M} + \frac{1}{2\beta \Delta t}\mathbf{C} + \mathbf{K}$$

を係数とする連立一次方程式となります．この式を解くことにより時刻 $t + \Delta t$ における変位を求め，さらに，式 (8.12) から加速度と速度を求めることができ

ます．

なお，$\beta = 1/4$, $\gamma = 1/2$ の場合を**平均加速度法**，$\beta = 1/6$, $\gamma = 1/2$ の場合を**線形加速度法**といいます．平均加速度法は，どのような時間増分 Δt を設定しても，解は発散しません．これを**無条件安定**といいます．ただし，無条件安定だからといって，得られた解の精度が良いとは限りません．

8.2.2 非線形問題

①静的解析

静的解析の基礎式 (8.7) は，変位 $\mathbf{U}$ についての非線形方程式となるので，増分解析の枠組みにおいて，ニュートン–ラプソン法のような繰返し計算によって変位解を求めます．すなわち，外力 $\mathbf{F}_\text{ex}$ や拘束条件を複数の段階に分けて与えて，解を求めます．具体的には，n ステップ目の外力 $\mathbf{F}_\text{ex}^n$ についての解 $\mathbf{U}^n$ が既知のとき，$\mathbf{F}_\text{ex}^{n+1}$ に対する解 $\mathbf{U}^{n+1}$ を，$\mathbf{U}^n$ からの増分として $\Delta \mathbf{U}$ として次式で表します．

$$\mathbf{U}^{n+1} = \mathbf{U}^n + \Delta \mathbf{U} \tag{8.14}$$

ステップ $n+1$ において成立する式 (8.7) に，式 (8.14) を代入して次式を得ます．

$$\mathbf{Q}(\mathbf{U}^n + \Delta \mathbf{U}) = \mathbf{F}_\text{ex}^{n+1} \tag{8.15}$$

式 (8.15) は，変位増分 $\Delta \mathbf{U}$ についての非線形方程式となります．したがって，これを解くためには一般に繰返し計算が必要になります．そこで，i 回目の繰返し計算の結果 $\Delta \mathbf{U}^{(i)}$ が既知のとき $\Delta \mathbf{U}^{(i)}$ を修正して，より精度の良い $\Delta \mathbf{U}$ を求めることを考えます．この修正された $\Delta \mathbf{U}$ を $\Delta \mathbf{U}^{(i+1)}$ と書き，次式を仮定します．

$$\Delta \mathbf{U}^{(i+1)} = \Delta \mathbf{U}^{(i)} + \mathbf{d}^{(i)} \tag{8.16}$$

ここに $\mathbf{d}^{(i)}$ は，修正量です．

次に，$i+1$ 回目の繰返し計算における式 (8.15) に，式 (8.16) を代入して，次式を得ます．

$$\mathbf{Q}(\mathbf{U}^n + \Delta \mathbf{U}^{(i)} + \mathbf{d}^{(i)}) = \mathbf{F}_\text{ex}^{n+1} \tag{8.17}$$

式 (8.17) は，修正量 $\mathbf{d}^{(i)}$ についての非線形方程式であるので，6.5 節（136～137 ページ）で説明したニュートン–ラプソン法を適用します．すなわち，式 (8.17) の左辺を，$\mathbf{U}^n + \Delta \mathbf{U}^{(i)}$ まわりの $\mathbf{d}^{(i)}$ についてテイラー展開して次

式を得ます．

$$\mathbf{Q}(\mathbf{U}^n + \Delta\mathbf{U}^{(i)}) + \left.\frac{\partial \mathbf{Q}}{\partial \mathbf{U}}\right|_{\mathbf{U}^n + \Delta\mathbf{U}^{(i)}} \mathbf{d}^{(i)} + \cdots = \mathbf{F}_{\mathrm{ex}}^{n+1} \tag{8.18}$$

式 (8.18) の左辺において，$\mathbf{d}^{(i)}$ の二次以上の高次項を無視すると，$\mathbf{d}^{(i)}$ を決定するための次式を得ます．

$$\mathbf{K}_T^{(i)} \mathbf{d}^{(i)} = \mathbf{R}^{(i)} \tag{8.19}$$

ここに

$$\mathbf{K}_T^{(i)} = \left.\frac{\partial \mathbf{Q}}{\partial \mathbf{U}}\right|_{\mathbf{U}^n + \Delta\mathbf{U}^{(i)}}, \quad \mathbf{R}^{(i)} = \mathbf{F}_{\mathrm{ex}}^{n+1} - \mathbf{Q}(\mathbf{U}^n + \Delta\mathbf{U}^{(i)}) \tag{8.20}$$

です．式 (8.20) で定義される $\mathbf{K}_T^{(i)}$, $\mathbf{R}^{(i)}$ を，i 回目の繰返し計算点における**接線剛性マトリクス**，**残差ベクトル**といいます．

式 (8.19) は，$\mathbf{d}^{(i)}$ についての連立一次方程式ですので，線形解析の場合と同様な方法を用いて解を求めることができます．これにより，求められた $\mathbf{d}^{(i)}$ を用いて式 (8.16) により $\Delta\mathbf{U}$ を修正します．

ここで，繰返し計算は，残差ベクトル $\mathbf{R}^{(i)}$ の大きさが十分小さくなるまで行います．

②**動的解析**

動的解析の基礎式 (8.6) の解を求めるには，時間積分が必要になります．このとき，線形動的問題の場合と同様に，ニューマーク β 法を用いることができます．すなわち，式 (8.12) を用いて，時刻 $t + \Delta t$ の変位，加速度を表し，時刻 $t + \Delta t$ における式 (8.6) に代入して次式を得ます．

$$\begin{aligned}
&\mathbf{Q}(\mathbf{U}(t+\Delta t)) \\
&= \mathbf{F}_{\mathrm{ex}}(t+\Delta t) \\
&\quad - \mathbf{C}\left\{\frac{1}{2\beta\Delta t}\left(\mathbf{U}(t+\Delta t) - \mathbf{U}(t)\right) - \left(\frac{1}{2\beta} - 1\right)\dot{\mathbf{U}}(t) - \left(\frac{1}{4\beta} - 1\right)\Delta t\ddot{\mathbf{U}}(t)\right\} \\
&\quad - \mathbf{M}\left\{\frac{1}{\beta(\Delta t)^2}\left(\mathbf{U}(t+\Delta t) - \mathbf{U}(t)\right) - \frac{1}{\beta\Delta t}\dot{\mathbf{U}}(t) - \left(\frac{1}{2\beta} - 1\right)\ddot{\mathbf{U}}(t)\right\}
\end{aligned} \tag{8.21}$$

式 (8.21) は，時刻 $t+\Delta t$ における変位についての非線形方程式であるので，これを解くには繰返し計算が必要となります．非線形静解析の場合にならって，i 回目の繰返し計算の結果 $\mathbf{U}(t+\Delta t)^{(i)}$ が既知のとき，この値を修正して，より精度の良い $\mathbf{U}(t+\Delta t)^{(i+1)}$ を求めることを考えます．

すなわち，次式を仮定します．

$$\mathbf{U}(t+\Delta t)^{(i+1)} = \mathbf{U}(t+\Delta t)^{(i)} + \mathbf{d}^{(i)} \tag{8.22}$$

次に，$i+1$ 回目の繰返し計算における式 (8.21) に式 (8.22) を代入して，次式を得ます．

$$\begin{aligned}
&\mathbf{Q}(\mathbf{U}(t+\Delta t)^{(i)} + \mathbf{d}^{(i)}) \\
&= \mathbf{F}_{\mathrm{ex}}(t+\Delta t) - \mathbf{C}\left\{\frac{1}{2\beta\Delta t}\left(\mathbf{U}(t+\Delta t)^{(i)} + \mathbf{d}^{(i)} - \mathbf{U}(t)\right)\right. \\
&\qquad\left. - \left(\frac{1}{2\beta}-1\right)\dot{\mathbf{U}}(t) - \left(\frac{1}{4\beta}-1\right)\Delta t\ddot{\mathbf{U}}(t)\right\} \\
&\quad - \mathbf{M}\left\{\frac{1}{\beta(\Delta t)^2}\left(\mathbf{U}(t+\Delta t)^{(i)} + \mathbf{d}^{(i)} - \mathbf{U}(t)\right) - \frac{1}{\beta\Delta t}\dot{\mathbf{U}}(t) - \left(\frac{1}{2\beta}-1\right)\ddot{\mathbf{U}}(t)\right\}
\end{aligned} \tag{8.23}$$

式 (8.23) の左辺をテイラー展開して二次以上の高次項を無視し，整理して，次式を得ます．

$$\begin{aligned}
&\left(\frac{1}{\beta(\Delta t)^2}\mathbf{M} + \frac{1}{2\beta\Delta t}\mathbf{C} + \mathbf{K}_T^{(i)}\right)\mathbf{d}^{(i)} \\
&= \mathbf{F}_{\mathrm{ex}}(t+\Delta t) - \mathbf{Q}(\mathbf{U}(t+\Delta t)^{(i)}) \\
&\quad - \mathbf{C}\left\{\frac{1}{2\beta\Delta t}\left(\mathbf{U}(t+\Delta t)^{(i)} - \mathbf{U}(t)\right) - \left(\frac{1}{2\beta}-1\right)\dot{\mathbf{U}}(t) - \left(\frac{1}{4\beta}-1\right)\Delta t\ddot{\mathbf{U}}(t)\right\} \\
&\quad - \mathbf{M}\left\{\frac{1}{\beta(\Delta t)^2}\left(\mathbf{U}(t+\Delta t)^{(i)} - \mathbf{U}(t)\right) - \frac{1}{\beta\Delta t}\dot{\mathbf{U}}(t) - \left(\frac{1}{2\beta}-1\right)\ddot{\mathbf{U}}(t)\right\}
\end{aligned} \tag{8.24}$$

また，式 (8.24) は，次式のように表すことができます．

$$\tilde{\mathbf{K}}_T^{(i)}\mathbf{d}^{(i)} = \tilde{\mathbf{R}}^{(i)} \tag{8.25}$$

ここに

$$\tilde{\mathbf{K}}_T^{(i)} = \frac{1}{\beta(\Delta t)^2}\mathbf{M} + \frac{1}{2\beta\Delta t}\mathbf{C} + \mathbf{K}_T^{(i)}$$

$$\tilde{\mathbf{R}}^{(i)} = \mathbf{F}_{\text{ex}}(t+\Delta t) - \mathbf{Q}(\mathbf{U}(t+\Delta t)^{(i)})$$
$$\quad - \mathbf{C}\left\{\frac{1}{2\beta\Delta t}\left(\mathbf{U}(t+\Delta t)^{(i)} - \mathbf{U}(t)\right)\right.$$
$$\quad \left. - \left(\frac{1}{2\beta} - 1\right)\dot{\mathbf{U}}(t) - \left(\frac{1}{4\beta} - 1\right)\Delta t\ddot{\mathbf{U}}(t)\right\}$$
$$\quad - \mathbf{M}\left\{\frac{1}{\beta(\Delta t)^2}\left(\mathbf{U}(t+\Delta t)^{(i)} - \mathbf{U}(t)\right) - \frac{1}{\beta\Delta t}\dot{\mathbf{U}}(t) - \left(\frac{1}{2\beta} - 1\right)\ddot{\mathbf{U}}(t)\right\}$$

です．

式 (8.25) は，$\mathbf{d}^{(i)}$ についての連立一次方程式ですので，線形解析の場合と同様な方法を用いて解を求めることができます．

すなわち，求められた $\mathbf{d}^{(i)}$ を用いて，式 (8.22) により変位を修正し，さらに式 (8.12) を用いて，加速度，速度も修正します．このとき，繰返し計算は，式 (8.25) の残差 $\tilde{\mathbf{R}}^{(i)}$ の大きさが十分小さくなるまで行います．

8.3 振動固有値問題

Point!
- 動的問題の基礎式において，減衰項と外力項を無視し，変位の調和振動を仮定することによって，非減衰固有値問題が得られます．
- 非減衰固有値問題は，剛性マトリクス $\mathbf{K}$ と質量マトリクス $\mathbf{M}$ によって定義される一般固有値問題となります．
- この問題を解くことによって，構造物の固有振動数と固有振動モードが得られます．

線形動解析の基礎式から，時間に依存する慣性項と減衰項を消去し，さらに外力がないとすると，次式を得ることができます．

$$\mathbf{K}\mathbf{U}(t) = -\mathbf{M}\ddot{\mathbf{U}}(t) \tag{8.26}$$

式 (8.26) は適当な初期条件を与えた場合の，非減衰自由振動の解を与えます．ここで応答を次式のように仮定します．

$$\mathbf{U}(t) = \overline{\mathbf{U}} e^{j\omega t} \tag{8.27}$$

ここに，$\overline{\mathbf{U}}$ は時刻によらない定数，j は虚数単位，ω は固有円振動数です．

式 (8.27) を式 (8.26) に代入して，次式を得ます．

$$\mathbf{K}\overline{\mathbf{U}} = \omega^2 \mathbf{M}\overline{\mathbf{U}} \tag{8.28}$$

この問題は，6.4.1 項（133 ページ）で説明したように，**一般固有値問題**とも呼ばれます．一般固有値問題を解くことによって，構造物の固有振動数と固有振動モードを得ることができます．

いま，ϕ_i と ω_i は次式を満足するとします．

$$\mathbf{K}\phi_i = \omega_i^2 \mathbf{M}\phi_i \tag{8.29}$$

このとき，固有モードの $\mathbf{M}$ 直交性，$\mathbf{K}$ 直交性から次式が成立します．

$$\phi_i^T \mathbf{M} \phi_j = \begin{cases} 0 & (i \neq j) \\ m_i & (i = j) \end{cases}$$
$$\phi_i^T \mathbf{K} \phi_j = \begin{cases} 0 & (i \neq j) \\ k_i & (i = j) \end{cases} \tag{8.30}$$

ここに，m_i を**モード質量**，k_i を**モード剛性**といいます．

式 (8.29) の両辺に ϕ_j^T を乗じて，式 (8.30) を用いて次式を得ます．

$$\omega_i^2 = \frac{k_i}{m_i}$$

8.4 モード法による過渡応答解析

Point!

- 非減衰固有値問題を解いて得られる固有モードのいくつかを用いて，変位を表すことをモード展開といいます．そして，固有モードに乗ずる時間の関数をモード座標といいます．
- モード展開で近似された変位を線形動的問題の基礎式に代入し，固有モードの直交性を用いることにより，モード座標についての 1 自由度系の振動方程式の集合に分離できます．
- 個々のモード座標についての振動方程式の応答解を重ね合わせることにより，構造物の時刻歴応答を得ることができます．

8.4.1 モード展開

前節の 186 ページの式 (8.28) で表される一般固有値問題を解いて得られる固有ベクトルを用いて，8.2 節 180 ページの式 (8.8) で表される線形静解析の基礎式の解を次式のように近似します．

$$\mathbf{U}(t) = \sum_{i=1}^{N} q_i(t) \boldsymbol{\phi}_i \tag{8.31}$$

ここに，$q_i(t)$ は第 i 次のモード座標，N は用いるモードの個数です．

式 (8.31) を変位の**モード展開**といいます．

8.4.2 レーリー減衰

一般的に，変位に比例する減衰力の係数を表すマトリクス $\mathbf{C}$ を，理論的に導出するのは困難です．そこで，しばしば $\mathbf{C}$ を次式のように，$\mathbf{M}$ マトリクスおよび $\mathbf{K}$ マトリクスの和として表されると仮定します．

$$\mathbf{C} = \alpha \mathbf{M} + \beta \mathbf{K} \tag{8.32}$$

ここに α, β は実験的，あるいは経験的に設定される定数です．

式 (8.32) の $\mathbf{C}$ で表される減衰を，**レーリー減衰**といいます．

8.4.3 ◆ モード法による過渡応答解析

前ページの式 (8.31)，(8.32) を 180 ページの式 (8.10) に代入して，次式を得ます．

$$\mathbf{K}\sum_{i=1}^{N} q_i(t)\boldsymbol{\phi}_i = \mathbf{F}_{\text{ex}}(t) - (\alpha\mathbf{M} + \beta\mathbf{K})\sum_{i=1}^{N}\dot{q}_i(t)\boldsymbol{\phi}_i - \mathbf{M}\sum_{i=1}^{N}\ddot{q}_i(t)\boldsymbol{\phi}_i \quad (8.33)$$

式 (8.33) の両辺に左から固有ベクトル $\boldsymbol{\phi}_I$ の転置ベクトルを乗じて，187 ページの式 (8.30) を用いて整理して次式を得ます．

$$m_I\ddot{q}_I(t) + c_I\dot{q}_I(t) + k_I q_I(t) = f_I(t) \quad (I = 1, \cdots, N) \quad (8.34)$$

ここに f_I, C_I は，第 I 次のモード力，モード減衰で，次式で定義されます．

$$\begin{cases} f_I(t) = \boldsymbol{\phi}_I^T \mathbf{F}_{\text{ex}}(t) \\ c_I = \alpha m_I + \beta k_I \end{cases}$$

式 (8.34) は，N 個の独立なモード座標 q_I についての，1 自由度の振動方程式です．したがって，モード座標 q_I の時刻歴応答を計算し，その結果を前ページの式 (8.31) を用いて重ね合わせることにより，実座標での変位，速度，加速度応答を計算できます．

式 (8.34) の特長は，演算量が少ないので 8.2 節（180〜185 ページ）で示した直接法による応答計算よりも高速に行うことができることです．ただし，非線形問題には適用できません．

なお，式 (8.34) の 1 自由度系の時刻歴応答は，ニューマークの β 法などの数値積分を用いるまでもなく，解析的な方法で計算することができます．

8.5 動的陽解法

 Point!

- 動的問題の半離散化運動方程式を，連立一次方程式の求解および収束判定することなく，陽的に解く方法を動的陽解法といいます．
- 動的陽解法においては，質量マトリクスが対角マトリクスとなっていることが前提となっています．
- 動的陽解法で用いられる数値積分法は，条件付き安定であるので，いわゆるクーラン条件を満足する安定時間増分の範囲内で，時間増分を設定する必要があります．一般にその値は非常に小さく，膨大な数の増分計算が必要です．

8.5.1 動的非線形問題の陽的解法

再び 8.1 節 179 ページの式 (8.6) で表される動的非線形問題の求解方法について考えます．ここで，質量マトリクス $\mathbf{M}$ は対角マトリクスとします．

以下では，時刻 t における変位，速度，加速度が既知であるとき，時刻 $t + \Delta t$ での変位，速度，加速度を，連立一次方程式を解かずに陽的に求めることを考えます．

まず，時刻 t での加速度を用いて，時刻 $t + \Delta t/2$ での速度を求めます．

$$\dot{\mathbf{U}}\left(t + \frac{\Delta t}{2}\right) = \dot{\mathbf{U}}(t) + \frac{\Delta t}{2}\ddot{\mathbf{U}}(t) \tag{8.35}$$

次に，時刻 $t + \Delta t/2$ での速度を用いて，時刻 $t + \Delta t$ での変位を求めます．

$$\mathbf{U}(t + \Delta t) = \mathbf{U}(t) + \Delta t \dot{\mathbf{U}}\left(t + \frac{\Delta t}{2}\right) \tag{8.36}$$

179 ページの式 (8.6) を用いて，時刻 $t + \Delta t$ での加速度を次式を用いて計算します．ただし，ここで速度は時刻 $t + \Delta t/2$ のものを用います．

$$\ddot{\mathbf{U}}(t + \Delta t) = \mathbf{M}^{-1}\left(\mathbf{F}_{\mathrm{ex}}(t + \Delta t) - \mathbf{Q}(\mathbf{U}(t + \Delta t)) - \mathbf{C}\dot{\mathbf{U}}\left(t + \frac{\Delta t}{2}\right)\right) \tag{8.37}$$

式 (8.37) は，質量マトリクス $\mathbf{M}$ を対角マトリクスとすれば，連立一次方程式を解くことなく，$\ddot{\mathbf{U}}(t + \Delta t)$ を得ることができます．この値を用いて，次式で速度を更新して時刻 $t + \Delta t$ での速度を求めます．

$$\dot{\mathbf{U}}(t + \Delta t) = \dot{\mathbf{U}}\left(t + \frac{\Delta t}{2}\right) + \frac{\Delta t}{2}\ddot{\mathbf{U}}(t + \Delta t) \tag{8.38}$$

このような手順で，時刻 $t + \Delta t$ での変位，速度，加速度が求まります．

上の手順を繰り返すことによって，連立一次方程式を解かずに，また反復計算をすることもなく，動的応答を計算することができます．ただし，このような時間積分法は，条件付き安定であり，解が発散しないようにするためには，時間増分を Δt_{cr} よりも小さくとる必要があります．これを**クーラン条件**といいます．クーラン条件は次式のように表されます．

$$\Delta t_{cr} = \frac{2}{\omega_{\max}} \leq \min_{e} \frac{l_e}{c_e} \tag{8.39}$$

ここに $\omega_{\max}$ は，線形化されたシステムの最大固有円振動数，l_e は代表要素 e の長さ，c_e は要素の音速です．$\min_{e}$ はすべての要素 e についての最小値をとることを意味します．c_e は，ヤング率 E, 質量密度 ρ を用いて次式により求めます．

$$c_e = \sqrt{\frac{E}{\rho}} \tag{8.40}$$

8.5.2 マススケーリング

前述のように動的陽解法は条件付き安定であり，その時間増分はクーラン条件で制限されています．一方，大変形を伴う場合には，計算途中で要素が大きく変形し，小さくなることで，式 (8.39) における l_e が小さくなり，結果として時間増分が過度に小さくなり，計算が進まなくなることがあります．もし，そのような要素の特性が，構造全体に影響を及ぼすものでなければ，小さな要素の密度を局所的に大きくすることで，時間増分が過度に小さくなることを回避することができます．これを**マススケーリング**といいます．

一方で，慣性力の影響を考慮しない静的問題の解析においては，非線形性を考慮する場合，ニュートン-ラプソン法による反復計算が用いられますが，収束解が得られない場合があります．そのような場合には，静的問題を動的問題に置き換えて，収束計算を行わない動的陽解法を用いて解くことがあります．

このような問題は，**準静的問題**といわれる場合があります．このとき，質量密度として，実際の質量密度よりも大きな値を用いて，陽解法における時間増分をできるだけ大きくします．なぜなら，大きくすることによって，クーラン条件で制約される時間増分値を大きくとることができるからです．

ただし，いくらでも大きくとることはできません．本来，静的問題では，慣性力の効果がないことを想定しています．したがって，解析対象のひずみエネルギーに対して，運動エネルギーの割合が小さいことが必要です．そうでないと，解が得られたとしても，その解は静的問題の解にはなりません．このような方法も**マススケーリング**といいます．

なお，準静的問題の解析においては，マススケーリングで時間増分数を抑制するのではなく，構造物に与える荷重速度を大きくして計算時間の短縮を図る場合があります．これを**現象加速**と呼ぶ場合があります．

以下では，マススケーリングと現象加速の等価性を示します．

簡単のため一次元問題を考え，運動方程式は次式のように表されるものとします．

$$M\frac{\partial^2 u}{\partial t^2} + Q(u) = F_{\text{ex}}(t) \tag{8.41}$$

ここに $t, u, M, Q, F_{\text{ex}}$ は，時刻，変位，質量，内力，外力です．

マススケーリングでは，質量密度を全体的に α 倍します（$\alpha > 1$）．このとき，運動方程式 (8.41) は次式のように書き直すことができます．

$$M\alpha\frac{\partial^2 u}{\partial t^2} + Q(u) = F_{\text{ex}}(t) \tag{8.42}$$

式 (8.42) は次式のように書き直すことができます．

$$M\frac{\partial^2 u}{\partial t^2} + Q(u) = F_{\text{ex}}(\sqrt{\alpha}\,\tilde{t}) \qquad \left(\tilde{t} = \frac{t}{\sqrt{\alpha}}\right) \tag{8.43}$$

式 (8.42) は，質量を α 倍したシステムは，時間を $\sqrt{\alpha}$ 倍したシステムと等価であることを示しています．したがって，時間スケールを増して現象を加速することと，質量を大きくすることは等価であるとわかります．

8.6 座屈解析

> **Point!**
> - 軸圧縮やねじりを受けるはり，面内圧縮や面内せん断を受ける板は，外力を増していくとある大きさ以上で，最初の形の安定状態から別の形の安定状態に移る場合があります．これを座屈と呼びます．
> - 座屈は外力を増したときに，平衡状態に枝分かれが生じて起こります．この分岐の点の荷重が座屈荷重です．
> - 座屈が起こった後の状態の解析には，一般に非線形解析が必要です．
> - 座屈荷重を求めるだけならば，座屈方程式から導かれた固有値問題の解析で対応できますが，実際の構造物の座屈荷重は解析値より低くなることが多くある点に注意しましょう．

8.6.1 弾性安定の考慮

　細長いはりに圧縮荷重が加わる場合，最初は圧縮変形が起こります．そして，さらに荷重を上げていくと，この圧縮された変形状態から別の曲がった形の変形状態に移る場合があります．これが**座屈**です．

　実際の構造物，例えば飛行機やロケット，タンカー，車両などの移動体の構造には，燃費低減や省スペースの要望から，使用材料の削減，軽量化が求められるため，薄板と補強材でつくった薄肉構造が採用されています．また，その他の構造でも，同様に細い部材や薄板を使うものは多く，こういった場合には強度の予測とともに，構造物の変形が重大な事故を引き起こすことがないよう，いいかえれば座屈現象が起こらないように設計する必要があります．

　冒頭に述べたはりの場合，最初の圧縮変形に対しては，はりの各部が外からの圧縮力とつり合っていて安定な状態です．また，座屈するときに現れる別の変形状態も安定です．すなわち，座屈は，最初の圧縮変形の，延長線上の状態から分岐して現れるものです．この複数の状態に枝分かれする点が座屈点で，そのときの荷重が座屈荷重（**図 8.1** の P_{cr}）です．

　これは**弾性安定**と呼ばれる現象の一種で，これ以外の例として飛び移りや屈

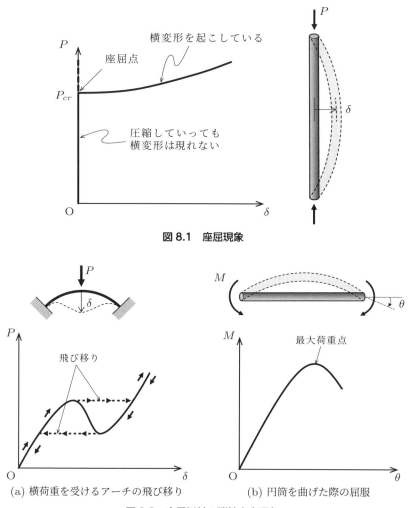

図 8.1　座屈現象

(a) 横荷重を受けるアーチの飛び移り　　(b) 円筒を曲げた際の屈服

図 8.2　座屈以外の弾性安定現象

服などもあります（**図 8.2**）.

　座屈が起こると，たとえ破壊が起きなかったとしても，つまり，荷重を取り除けばもとの状態に戻るような弾性変形の範囲であっても，構造としての本来の機能が失われることになります．したがって，座屈は避けなければなりません．

8.6.2 座屈荷重の求め方

座屈はそもそも材料力学や弾性力学で習う微小変形問題では扱えません.

微小変形であれば,変形前の状態で力のつり合いの式をつくるなどして,問題が簡単化できます.ひずみも変位(の微分量)の線形な関数です.その結果,いわゆる**解の唯一性**(すべての基礎方程式を満たす変形や応力の解は 1 組しかない,という定理)が成り立ちます.

ところが座屈現象は,複数のつり合い状態が存在し,その中で「エネルギー的に一番起こりやすい」変形が起こる結果です.つまり,解の唯一性が成り立たず,微小変形問題では扱えない現象です.

以下に,簡単にはりの座屈の式(**座屈方程式**)を紹介します.分布荷重などがなく,両端で圧縮力 P が作用するだけの一様なはりという単純な場合,

$$EI\frac{d^4w}{dx^4} + P\frac{d^2w}{dx^2} = 0 \tag{8.44}$$

が成立します.ここで EI は,はりの一様な曲げ剛性,x ははりに沿った座標,$w(x)$ ははりの横たわみの変形です.式 (8.44) には,はりに加わる軸方向の圧縮力 P が含まれます.

一方,微小変形問題なら,この軸方向の力は横たわみの式,

$$EI\frac{d^4w}{dx^4} = 0$$

には含まれません.その理由は,変形前の状態で式がつくれるので,横たわみの方向の,力のつり合いの式から求めた式 (8.44) には,当然ながら軸方向の力である P は入ってこないからです.

式 (8.44) では,軸圧縮力 P は横たわみの方向への分布力に相当する役割を果たしています.

さて,座屈方程式 (8.44) から座屈荷重を求めるには,この微分方程式の一般解,

$$w(x) = C_1 \cos\sqrt{\frac{P}{EI}}x + C_2 \sin\sqrt{\frac{P}{EI}}x + C_3 x + C_4 \tag{8.45}$$

を,はりの両端の境界条件に代入して,定数 $C_1 \sim C_4$ を求める式をつくります.それらから $w(x) = 0$ 以外の解が求まる条件として P を求め,そのうちの最小値を座屈荷重 P_{cr} とすればよいのです.この最後の,「$w(x) \equiv 0$ 以外の解が求まる条件」のところが,有限要素法では固有値解析に相当します.

ここから先ははりの境界条件によって式が違ってきますが,例えば長さ l の,

両端単純支持のはりの場合，境界条件は，

$$x = 0, l; \quad w = 0, \quad M_y = -EI_{zz}\frac{d^2w}{dx^2} = 0 \tag{8.46}$$

ですから，この式 (8.46) の 4 つの条件に式 (8.45) を代入すれば，

$$\begin{bmatrix} 1 & 0 & 0 & 1 \\ -\dfrac{P}{EI} & 0 & 0 & 0 \\ \cos\sqrt{\dfrac{P}{EI}}l & \sin\sqrt{\dfrac{P}{EI}}l & l & 1 \\ -\dfrac{P}{EI}\cos\sqrt{\dfrac{P}{EI}}l & -\dfrac{P}{EI}\sin\sqrt{\dfrac{P}{EI}}l & 0 & 0 \end{bmatrix} \begin{bmatrix} C_1 \\ C_2 \\ C_3 \\ C_4 \end{bmatrix} = \begin{bmatrix} 0 \\ 0 \\ 0 \\ 0 \end{bmatrix} \tag{8.47}$$

となります．これから定数 $C_1 \sim C_4$ を求めるのに，自明（明らか）な解は，

$$C_1 = C_2 = C_3 = C_4 = 0 \tag{8.48}$$

ですが，それでは式 (8.45) から $w(x) = 0$ になってしまい，横へのたわみがないことになってしまいます．これに対し，特別な条件のときに，式 (8.48) 以外の解が出ることがわかります．それが式 (8.47) の左辺の，4×4 のマトリクスの行列式が 0 の場合で，これを式で表すと，

$$\sin\sqrt{\frac{P}{EI}}l = 0 \tag{8.49}$$

です．これから，

$$\sqrt{\frac{P}{EI}}l = m\pi \tag{8.50}$$

となり，つまり，

$$P = m^2\frac{\pi^2 EI}{l^2} \tag{8.51}$$

です．この P のうちで 0 より大きくて最小になるのが $m = 1$ のときで，すなわち

$$P = \frac{\pi^2 EI}{l^2} \tag{8.52}$$

という座屈荷重が得られます．

8.6.3 ◆ 有限要素法による解析

前項 8.6.2 項で述べた座屈の解析を有限要素法で扱うには，式 (8.44) を離散化した式に置き換えればよいのです．ただし有限要素法では 1.4.3 項（24〜25 ページ）で説明したように，平衡方程式（ここで式 (8.44) がそれに相当します）を直接扱うのではなく，これと等価な仮想仕事の原理式を使います．普通の線形な静的問題では，8.2 節（180 ページ）の式 (8.9) がこれにあたり，もう一度書くと，

$$\mathbf{KU} = \mathbf{F}_{ex} \tag{8.53}$$

です．この式の右辺の外力ベクトル $\mathbf{F}_{ex}$ は，座屈の場合には式 (8.44) の左辺の第 2 項に起因するもので，この項は，すでに述べたように軸方向の圧縮力 P によってもたらされる，横たわみの方向への分布力と同じ効果をもっています．したがって，$\mathbf{F}_{ex}$ は，軸圧縮力 P が含まれる形で導かれます．

最終的には，システム方程式は，

$$(\mathbf{K}_L + \lambda \mathbf{K}_{NL}) \mathbf{U} = \mathbf{0} \tag{8.54}$$

となります．ここで，$\mathbf{K}_L$ は通常の剛性マトリクスで，$\mathbf{K}_{NL}$ は**初期応力マトリクス**，あるいは**幾何剛性マトリクス**とも呼ばれます．式 (8.54) において，圧縮力 P は形を変えて，一般化して表した荷重係数 λ の中に含まれています．

式 (8.54) は固有値問題に表れる固有方程式で，この式を満たす $\mathbf{U} \equiv \mathbf{0}$ ではない，つまり自明ではない節点変位ベクトルが求まる条件として，行列式の条件，

$$|\mathbf{K}_L + \lambda \mathbf{K}_{NL}| = 0 \tag{8.55}$$

を満たす λ（すなわち圧縮力 P）が求められます．これらの圧縮力のうち，0 より大きい最小のものが**座屈荷重**です．なお，固有値問題に出てくる固有ベクトルは，こうして得られた固有値に対応するものですが，ここでは（固有）節点変位ベクトルとして得られます．また，それらは座屈の波形を表す節点変位ベクトルになっています．

本項で紹介した座屈荷重を求める方法は，線形固有値問題になっています．したがって，座屈が起こる前に，圧縮力が構造の形状に大きな影響を与えないような限られた問題に対して，いわば理想的な状態での座屈荷重と，座屈が起きた直後の座屈波形を与えてくれます．

8.6.4 ◆ 座屈解析の注意点

　構造物の座屈荷重を有限要素法で求める際の前項に紹介した方法は，あくまで「構造の各部分が線形弾性領域の範囲内にある」ことが前提です．これを**弾性座屈問題**と呼んでいます．

　しかしながら，実際の構造では多くの場合，座屈の前後で塑性や，さらには部分的な破壊を伴うことが多く，またゴムのような非線形弾性を示す材料もあります．すなわち，固有値解析に基づいた座屈荷重の導出には限界があることを知っておきましょう．弾性座屈の問題は，あくまで構造安定問題の限られた一分野です．

　さらに，線形弾性の範囲内であっても，「一般に有限要素法を含む解析で求まる座屈荷重は，実際の座屈荷重より高めの傾向」を示します．これはまず，実際の構造物が，理論や有限要素法のモデルで扱うような完ぺきなものではないことが理由としてあげられます．つまり，実際の構造には**初期不整**と呼ばれる，形状の不均一性や材料のムラなどの存在が不可避です．例えば，円筒構造の座屈に関しては多くの実験データがありますが，実際の座屈荷重は解析値の半分程度まで落ちるという結果も多くあります．

　このような，実際の座屈荷重が解析値からどのくらいの割合まで下がるかを示す指標として，**ノックダウンファクター**と呼ばれるものがあります．したがって，構造物の座屈の解析に携わる場合，ノックダウンファクターの値を参考にすることも有効でしょう．

　さらに，必要に応じて大変形解析などを駆使して，座屈後の状況を模擬することで，座屈荷重がどの程度，初期不整の影響を受けるかといった感度解析を行うことも実際に起こりうる座屈の解析に大いに役立ちます．

第9章 有限要素法解析の出力の評価を正しく行おう

- **9.1** 出力結果の何をみるか
- **9.2** 応力の種類
- **9.3** 応力かひずみか
- **9.4** 拘束点の反力からみる荷重条件
- **9.5** 破壊力学的な評価

第 9 章　有限要素法解析の出力の評価を正しく行おう

ある日の会話

有限要素法を使って解析結果を出すことができたはいいけど，
結果の見方がよくわからない
という人も結構いるね．

結果には変形形状だけでなく，応力やひずみの分布も表示することができるけど，応力やひずみの成分の数もやたら多いしね……．

拘束している点での，反力をみることも大事だよね．

そのとおり！
反力を調べると，荷重条件が正しいか判断できる場合もあるんだ．

正しく解析できても，その結果を使って設計に活かさなければ意味がない……．

結果のうち，何をどうやって使うかがコツだね．
応力，ひずみ，変位のうち，どれをどうやって使うかを知っておくことが不可欠さ．
あと，き裂の様子を調べるのには破壊力学の知識が結構，役に立つんだ．
ここでは，有限要素法解析の結果として得られる，
応力，ひずみ，変位の使い分け，使い方
を学んでおこう．

9.1 出力結果の何をみるか

> **Point!**
> - 普通の有限要素法では，変位が，まず求まる基本量です．
> - したがって，まず変位を評価しましょう．
> - 変位が妥当なら，次はひずみを評価し，そして，応力と境界での評価を行います．

9.1.1 内部での評価は変位→ひずみ→応力で．まずは変位

　有限要素法の出力結果を「見る」のはたやすいでしょう．商用ソフトウェアではポストプロセッサの働きによって，計算された結果を数多くのバリエーションで可視化することができます．これらの得られる解析結果を分類すると，物体内部では変位，ひずみ，応力に整理できます．また，荷重を条件として与えた境界と，変位を拘束することを条件として与えた境界に分けられ，それぞれの境界での出力結果が変位であり，反力です．まれにひずみを与える境界もありえますが，実際的にはまずないでしょう．

　物体内部では，変位，ひずみと応力をみることに注目します．普通の有限要素法は変位法に基づいているため，解析上は変位を未知量として求めます．これからひずみ，応力を順に計算して求めていきます．それゆえ，これらの中では，変位が最も信頼できる指標です．つまり，計算結果の大もとになるのは変位なので，その変位がおかしなことになっていないかを「評価」し，確認することが基本です．

9.1.2 変位の評価

　ここでは，評価とは「その数値に注目して，定量的な判断をする」という意味として考えてください．すなわち，「見る」のではなく，出力結果の妥当性を「判断する」ことが必要です．あくまで入力した条件から，大ざっぱでもよいので工学的に考察して，変位の結果が妥当かをみてみることが重要です．

変位は，最初に解析対象の形などを定義した際に用いた全体座標系で計算されるはずです．この全体座標系は，三次元問題であれば直交カーテシアン座標系（直交直線座標系）や円柱座標系（直交曲線座標系）で定義されています．

そして，解析の結果得られる変位は，そのまま構造物が変形した図や，その変形を見やすくするために変形量に倍率をかけてより大きく変形した図などで表されることが多いと思います．あるいは変位がベクトル量であることから，矢印を使って図示されることもあるでしょう．なお，変位が座標系にはよらないことから，変位した形状を図示した場合には，用いている座標系を気にする必要はないでしょう．ただし，変位を成分に分けてみている場合は，座標系によって違ってくることに注意しましょう．

さて，その変位の評価について，1つの例で考えてみましょう．板厚が 20 mm で 1 辺が 1,000 mm の正方形の鋼板が，正方形の 1 辺で完全に拘束されて，片持ちはりのように突き出している状態で，もう一方の突き出した端の中央に，板を曲げる方向に 1,000 N の集中荷重が加わった場合を考えます（**図 9.1**）．

この例題に対して微小変形の仮定のもとで解析を行い，この荷重点の変位が 500 mm だという結果が得られたとします．この結果を，どの視点から評価するのがよいでしょうか．少なくとも 2 つの視点が考えられます．1 つは「変位の大きさがこれまでの経験から妥当かどうか」，もう 1 つは，「この例題の解析方法に照らして適切かどうか」です．前者は，「工事現場にあるような厚い

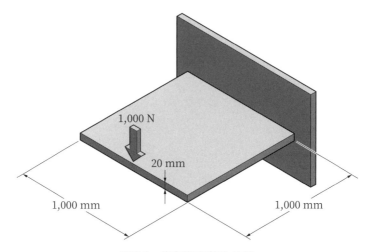

図 9.1　集中荷重が加わる板

鉄板に，ちょっと重めの人が乗ったらどうなるか」という視点です．この例題は，板をはりだとみなして，先端の変位 δ が材料力学の公式から，

$$\delta = \frac{Pl^3}{3EI} \tag{9.1}$$

と表されることを知っていれば評価できます．ここで，P は荷重，l ははりの長さです．EI ははりの曲げ剛性で

$$EI = E\frac{bh^3}{12}$$

で与えられ，E はヤング率，b, h はそれぞれはりの断面の幅と高さです．いまの場合，はりの幅 b は板の 1 辺の長さ l，高さ h は板の厚さ t なので，$EI = E \cdot lt^3/12$ です．これから鋼のヤング率を $E = 200\,\mathrm{GPa}$ として計算すると，$\delta = 2.5\,\mathrm{mm}$ となり，一方で上の出力結果はこの 200 倍なので，解析結果が間違っていることが予想されます．

もう 1 つの，「解析方法に照らして，結果が妥当かどうか」について考えてみましょう．この例でいえば，「1 辺の長さが 1,000 mm の板の変位が，その辺の長さの半分である 500 mm」というのは，仮に計算が正しかったとしても，得られた変位として意味があるでしょうか．これは到底，微小変形の仮定の範疇には収まらないので，大きな変形を考慮した別の解析が必要です．

このように，複数の視点から近似的にでもよいので，解析結果を定量的に検証しておくことが重要です．

9.1.3 ◆ ひずみ，応力の評価と境界での評価

前項の考察の結果，変位の結果が適切であると判断される場合は，次に，ひずみと応力をみます．ここで，応力やひずみは，通常使われる弾性力学の，微小変形の仮定の範囲に限っても，それぞれいくつかの種類があることに注意が必要です．例えば，応力には主応力やミーゼス応力など，複数の定義のものがあります（これらについては次節 9.2 節で説明しています）．

最後に，境界条件を与えた境界で得られる解析結果について考えます．変位を拘束している場合，その点には，反力が生じます．この反力を出力すると，そもそもの与えた荷重条件が適切に反映されているかがわかります（9.4 節 212〜214 ページ参照）．

応力の種類

 Point!
- 応力を評価するには，主応力，最大せん断応力，ミーゼス応力などの，どの種類の応力をみるかをまず決めましょう．
- 解析対象に繊維が入っているときなど，方向で違う性質を示す材料では，どの方向の応力をみるかで違いがあることに注意します．
- 破壊を判断するためには，「どう壊れるか」を考えて，解析に使用する応力を選びます．

9.2.1 応力をみる

構造物を扱う際に，有限要素法の解析をして結果を求めるのは，多くの場合，その構造物に生じるであろう応力やひずみが所定の値以下に収まっていて，壊れたり，有害な結果にいたったりしないことを確認するためでしょう．

そのためには，確認すべき対象の値を間違えてはもとも子もありません．前節では変位について主に述べましたが，ここでは応力に注目します．この応力を評価しなければならない場合は，変位に比べて話がもっと複雑です．

9.2.2 各種の応力

1.4.1 項（19～21 ページ）で説明しているように，応力は，物体の内部を伝わっている力を，その物体内で仮想的に指定した面に働く単位面積あたりの力として表したものです．したがって，同一の力の，伝達の状態を同一の位置でみるにしても，この仮想的な面の向きをどうとるかによって，応力の値が変わってきます．すなわち，面の向きが問題となります．

そこで最初に考えられるとり方が，前節 9.1 節の変位のところで述べた全体座標系に沿うとり方です．簡単のため，これを二次元にして示したのが**図 9.2** です．1.4.1 項で説明した三次元ではなく，二次元で考えると，応力の成分は 4 つあって，σ_x，τ_{xy}，σ_y，τ_{yx} です．このうち τ_{xy} と τ_{yx} は小さな領域に働く

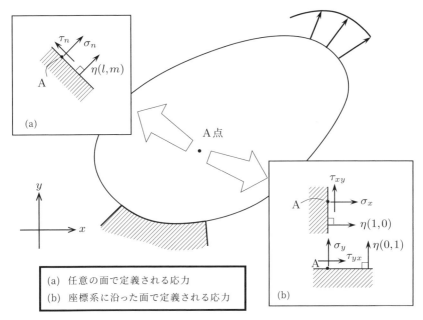

(a) 任意の面で定義される応力
(b) 座標系に沿った面で定義される応力

図 9.2 応力の定義

応力についてのモーメントのつり合いから等しくなる（$\tau_{xy} = \tau_{yx}$）ことがわかるので，その結果，考えなければいけない応力成分は 3 つあることになります．これを三次元に拡張すると，考える必要があるのは 6 つになり，座標系の添字を使って，$\sigma_x, \sigma_y, \sigma_z, \tau_{yz}, \tau_{zx}, \tau_{xy}$ となります．すなわち，成分としては，1.4.1 項でみたとおり，9 つありますが，独立に考える必要があるのは 6 つです．図 9.2 のとおり，σ は面に垂直に作用する応力なので垂直応力，τ は面に平行に作用する応力なのでせん断応力です．

有限要素法で計算される応力を使って良し／悪し，あるいは適／不適を評価する際には，どのような応力を使うべきかを判断する必要があります．

① **主応力**

上で得られた座標系に平行な面での応力は，その点での最大，あるいは最小の値かどうかが，このままではわかりません．そのため，同一の点であらゆる方向の面を考えて，それぞれの面で与えられる垂直応力のうちの最大値や最小

値を知る必要があります．こうして求めたものが**主応力**です．

二次元では主応力は 2 つあり，また，最大値 σ_1 が得られる面と，最小値 σ_2 が得られる面は直交することもわかっています．三次元でも同様で，直交する面に対応して最大値 σ_1，最小値 σ_3 が得られて，それに直交する面に関して σ_2 が得られます．なお，これら 3 つの応力 σ_1，σ_2，σ_3，が得られる面は「せん断応力が 0 になる」という，特別な面です．

②最大せん断応力

同様に考えて，せん断応力にも最大値，最小値があり，最大せん断応力が得られます．なお，せん断応力は面に平行な応力であるため，金属材料などを考える場合は，どちらの向き（正負）かを区別する必要がないので，通常は正負にかかわらず，絶対値の大きいものを最大せん断応力として，最小と区別していません．また，「最大せん断応力が生じる面では，一般には垂直応力は 0 にはならない」ということに注意する必要があります．

また，金属などの延性材料に対して，塑性変形の生じることが懸念される場合，塑性変形によってその材料が降伏するかどうかが，その設計でよしとするかどうかの重要な判断基準になります．

金属材料において降伏は，金属原子がある程度，規則的に並んだ状態から，断層のようにずれる（せん断力が加わる）ことで生じます．この観点から，最大せん断応力はトレスカ（Tresca）の降伏条件で使われる指標になっています．

③ミーゼス応力（相当応力）

これに対して，塑性変形が生じることが懸念される場合の降伏条件として，最大せん断応力ではなく，ひずみエネルギーのうちから，せん断変形にかかわるものを取り出して，これを指標にする評価方法があります（**ミーゼス〔von Mises〕の降伏条件**）．こうして得られる条件は，応力の二次の項からなっていて，

$$(\sigma_y - \sigma_z)^2 + (\sigma_z - \sigma_x)^2 + (\sigma_x - \sigma_y)^2 + 6\left(\tau_{yz}^2 + \tau_{zx}^2 + \tau_{xy}^2\right) = C \quad (9.2)$$

と表せます．ここで右辺の C は定数です．特に，細い棒を引っ張ったときの単軸応力状態での降伏応力 σ_Y を測定して，

$$\sigma_x = \sigma_Y, \quad \sigma_y = \sigma_z = \tau_{yz} = \tau_{zx} = \tau_{xy} = 0 \quad (9.3)$$

となった結果を式 (9.2) に代入すると，右辺の定数 C が求まり，
$$C = 2\sigma_Y^2$$
が得られるので，結局，式 (9.2) の条件は，
$$(\sigma_y - \sigma_z)^2 + (\sigma_z - \sigma_x)^2 + (\sigma_x - \sigma_y)^2 + 6\left(\tau_{yz}^2 + \tau_{zx}^2 + \tau_{xy}^2\right) = 2\sigma_Y^2 \quad (9.4)$$
となります．それなら，ここで応力として，式 (9.4) から右辺の σ_Y と比較する量を逆に定義すれば使いやすいはずです．つまり，左辺の量を 2 で除して，その平方根をとったものとして，

$$\sigma_{\text{Mises}} = \sqrt{\frac{1}{2}\left[(\sigma_y - \sigma_z)^2 + (\sigma_z - \sigma_x)^2 + (\sigma_x - \sigma_y)^2 + 6\left(\tau_{yz}^2 + \tau_{zx}^2 + \tau_{xy}^2\right)\right]} \quad (9.5)$$

という指標が得られます．これを**ミーゼス（von Mises）応力**，あるいは**相当応力**と呼びます．なお，これを主応力で書くと，

$$\sigma_{\text{Mises}} = \sqrt{\frac{1}{2}\left[(\sigma_1 - \sigma_2)^2 + (\sigma_2 - \sigma_3)^2 + (\sigma_3 - \sigma_1)^2\right]} \quad (9.6)$$

と表せます．このミーゼス応力は，「降伏するかどうか」の判定に有効です．

9.2.3 繊維方向応力と横方向応力

　繊維強化複合材料の場合，破壊や損傷を評価するには，強化材である繊維と，それをとりまくプラスチックなどの母材から成り立っていることを考慮する必要があります．すなわち，繊維に加わる引張り力や圧縮力による繊維の破断，あるいは繊維をとり囲んでいる母材が壊れることなど，複数の破壊様式を考慮しなければなりません．

　さらに，それぞれ異なる繊維方向をもつ積層板であれば，破壊はより複雑な様相を示します．

　そのため，破壊や損傷蓄積の詳細な予測をするには，複数の層があれば，それぞれの層での繊維方向応力 σ_L と，それに垂直な方向の応力（横方向応力）σ_T，さらにこの 2 方向にかかわるせん断応力 τ_{LT} などを取り出して調べる必要があります．

9.2.4 ◆ どの応力をみるか

どの種類の応力に着目するかを考えるには，まず，解析対象の構造がどのような材料から成り立っているかを，理解するところから始める必要があります．

それぞれの材料で，何が原因で破壊などの機能喪失が起こりうるかを予見する必要があるからです．

もろい，すなわち脆性材料であれば，主応力など，まずは壊れる原因となる大きな応力を特定する必要があります．その際に材料に異方性がある場合には，向きによって破壊に要する応力が異なる可能性を踏まえながら評価します．

これに対して，変形しやすい延性材料であれば，主応力とともに，せん断による降伏の可能性をみるために，ミーゼス応力や，場合によっては最大せん断応力にまずは注目するべきでしょう．また，繊維強化複合材料であれば，それぞれの部分の繊維方向の応力と横方向応力，せん断応力を評価の対象にすることが一般的に行われています．

積層板では，層と層がはがれる破壊様式（**層間はく離**）も生じえます．層間はく離が危惧される場合は，層と層の境界面に注目した応力の評価も必要です．

9.3 応力かひずみか

> **Point!**
> - ひずみをみる前に，ひずみで評価する必要があるのか，まず，その要／不要を判断しましょう．
> - 破壊や高速衝撃などでは，ひずみで評価する場合もあります．
> - 設計要求などで，ひずみの上限を決められている場合は要注意です．

9.3.1 応力とひずみのどちらをみるか

前節 9.2 節では応力について説明しましたが，次に，ひずみを使う必要があるのはどのような場合でしょうか．いくつか例をあげてみましょう．

9.3.2 応力基準の評価とひずみ基準の評価のずれが問題になる場合

応力のうち，例えば最大応力で評価する場合と，最大ひずみで評価する場合の差異を考えましょう．以下では簡単のため，応力もひずみも，主応力，主ひずみで与えられているとします．また，応力基準の場合，破壊の判定は

$$\begin{cases} s_c < \sigma_1 < s_t \\ s_c < \sigma_2 < s_t \end{cases} \tag{9.7}$$

にしたがうとします．ここで，s_t, s_c はそれぞれ最大許容応力と最小許容応力で，「これを超えると破壊が起こる」という値です．対して，ひずみ基準だと，

$$\begin{cases} e_c < \varepsilon_1 < e_t \\ e_c < \varepsilon_2 < e_t \end{cases} \tag{9.8}$$

となります．ここで，e_t, e_c は，上と同様に，最大許容ひずみと最小許容ひずみです．さらに，応力とひずみの間には，応力–ひずみ関係式が成り立ちますから，

$$\begin{cases} \varepsilon_1 = \dfrac{1}{E}\sigma_1 - \dfrac{\nu}{E}\sigma_2 \\ \varepsilon_2 = -\dfrac{\nu}{E}\sigma_1 + \dfrac{1}{E}\sigma_2 \end{cases} \quad (9.9)$$

となります．ひずみ基準の条件式を主応力で表すために，式 (9.9) を式 (9.8) に代入すると，

$$\begin{cases} e_c < \dfrac{1}{E}\sigma_1 - \dfrac{\nu}{E}\sigma_2 < e_t \\ e_c < -\dfrac{\nu}{E}\sigma_1 + \dfrac{1}{E}\sigma_2 < e_t \end{cases} \quad (9.10)$$

となります．つまり，式 (9.7) が応力基準，式 (9.10) がひずみ基準を応力で表したものです．これらを $\sigma_1\sigma_2$ 面上に図示したものが，**図 9.3** です．ただし，ここでは $s_t = Ee_t$, $s_c = Ee_c$ としています．したがって，大きさはポアソン比 ν によりますが，応力基準（実線）とひずみ基準（破線）で，ずれが出てくることがわかります．この場合は，どちらかを，あらかじめこの材料についての実験を行うなどして，適切に選ぶ必要があります．

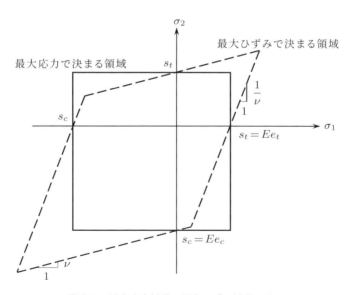

図 9.3 最大応力基準と最大ひずみ基準の違い

9.3.3 ひずみの荷重の負荷速度に対する依存性が大きい場合

高速衝撃など，ひずみが荷重の負荷速度に依存するような場合も，精度の良い破壊予測等のためには，ひずみをみておくことが必要になる場合があります．

一般に，荷重速度が大きいと，生じるひずみは小さくなっていく傾向にあります．したがって，荷重速度が大きくなり，ひずみ速度が解析結果に影響するような場合には，ひずみ速度の影響が考慮できる解析が必要なことはいうまでもありません．

9.3.4 設計要求などで，ひずみでの使用上限が定められている場合

上記以外にも，何らかの理由で，対象とする構造物の設計上の許容量がひずみで規定されている場合には，ひずみで評価する必要があります．

例えば，複合材料の場合には，損傷の蓄積を解析するために応力を使うのではなく，ひずみを使うことでより正確に予測できる場合もあります．そのため，複合材料では，ひずみが設計上の指標としてよく使われます．

9.4 拘束点の反力からみる荷重条件

Point!
- 力を加えたときには，拘束点で生じる反力をみましょう．
- 反力は入力した荷重全体を反映しています．したがって，これをみれば入力した荷重の条件が正しいかの判断材料になります．
- 熱荷重のみなら，拘束点での反力の合計は 0 になります．

9.4.1 境界での値を見る

　構造物を有限要素法で解析する際には，当然ながら，何らかの作用を模擬的に外からモデルに加えることになります．これが荷重や，強制変位であったり，場合によっては熱荷重であったりします．その結果，構造物のモデルは変形したり，移動したりします．理工学の一般的な問題を考える場合には，式が定義され，それに入力を与えて答えを出すという手順を踏むのが普通ですが，有限要素法でも，解析モデルができれば，あとは，与えられた作用に「忠実」に，挙動がシミュレーションされます．

　例えば，剛体変位のモードを適切に拘束したモデルに荷重を加えると，変形すると同時に，拘束された点で外から**反力**が加わります．

　この反力に注目することで，解析の前提となる条件入力の正しさを，ある程度確かめられます．

9.4.2 加えた荷重を反映する反力

　外から荷重を加えるとき，必ずしも，それらの力が全体としてつり合っている（平衡状態にある）とは限りません．むしろ，つり合った荷重を加える場合のほうがまれでしょう．

　例えば，**図 9.4** のように，アーチ状の石でできた構造に重力（構造物自身の重さなので，**自重**といいます）が加わっている場合を考えます．この構造のモデルができたら，重力を作用させるために，入力として石材の密度と，重力加

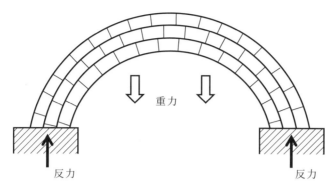

図 9.4　アーチ状の石積構造

速度を与えるでしょう．さて，重力は下向きにかかっているはずですから，この構造が左右の支持部で支えられていることを考えると，それらの部分での反力が，上向きに作用します．この反力の大きさと向きをみるのです．

　まず，反力は全体として左右には働かないはずです．これはモデルに加わる力は分布してはいますが重力だけで，下向きの力だけだからです．この例で反力は，それぞれの支持部ではアーチという構造の特性から横向きに働く反力もありえますが，左右を合計した横向きの反力は 0 となります．すなわち，全体としての反力は上向きで，しかもその大きさはアーチ全体の自重に等しいはずです．

　つまり，アーチにとっては，分布した重力と支持部での反力が加わりますが，それらを合計すると 0，つまり加わる力がつり合っているわけです．いいかえれば，反力をみれば，最初にこのアーチに加えた力がわかることになり，これを利用すれば，荷重の入力が正しくできているかを判断することができます．

　有限要素法では，変位を拘束している節点（支持点）で反力（支持反力）をみることで，入力として外から加えた力（外力）の合計を確認することができます．

9.4.3 熱荷重を加える場合の反力

それでは，入力する（広い意味での）荷重条件が「温度変化」だったらどうでしょうか．これを**熱荷重**と呼びますが，熱荷重のほかに力学的な外力を加えていないとすると，加えた外力全体としては，やはり0です．

したがって，熱荷重のみの場合は，反力をみても全体では何も加わっていません．拘束している点，それぞれには反力が生じていても，反力全部を合計すれば0です．

あくまで，外から加えた力学的な荷重に反力を加えたものが，すべてでつり合っているはずなので，熱荷重のみで構造物に外力を作用させていなければ，反力は全体としては0になります．

9.5 破壊力学的な評価

> **Point!**
> - き裂やはく離がある場合の解析には，破壊力学を取り入れることが重要です．
> - 応力拡大係数，エネルギー解放率の使い方を理解しましょう．
> - き裂先端では，要素分割を細かくするなどの配慮を忘れずに．

9.5.1 破壊力学の導入

構造解析を行っていると，「構造物がどれだけの荷重に耐えられるか」を有限要素法を使って調べることが多いと思います．このとき，構造物のき裂やはく離といった現象に注目した解析を行うには，破壊力学の考え方を取り入れる必要があります．

そもそも破壊力学は「き裂がある場合の強度をどう扱うか」ということを考えて発展した理論です．ここでは，き裂やはく離がある場合に，有限要素法でモデル化して解析するときの注意点を，破壊力学の視点から考えましょう．

9.5.2 破壊力学とき裂，はく離

構造物に荷重が作用すると，応力やひずみが生じて，さらに，それらが材料の許容値を超えたところで，局所的な降伏や破壊が起きます．

延性材料の場合，降伏が生じた場所の近辺で力の流れ方が変わり，降伏域がまわりに広がっていきます．対して，脆性材料では降伏する領域は小さいまま，その近傍から破壊が起こり，破壊域が広がっていきます．つまり，応力やひずみがある限界（閾値）を超えるかどうかで各部の降伏や破壊を判断し，最終的に構造物がどれだけの荷重に耐えるかを調べるのが一番簡単な方法です．

次に，き裂やはく離がある場合を考えてみましょう．ただし，はく離も形だけみればき裂の一種だとみなせるので，ここではき裂についてのみ考えます．弾性力学の知識を使うと，材料中にき裂があるとき，この材料にき裂から離れたところでき裂に垂直に σ_y^∞ の応力を加えると，き裂の先端の近く（先端領

域）におけるき裂の延長線上の応力は，

$$\sigma_y^\infty = \frac{K_I}{\sqrt{2\pi x}} + \left(その他の項\right) \qquad \left(K_I = \sigma_y^\infty \sqrt{\pi a}\right) \quad (9.11)$$

と表されます[注1]（**図 9.5**）．ここではき裂の先端に座標の原点をとっています．

式 (9.11) からわかるのは，「き裂の先端に近づく（$x \to 0$）と応力 σ_y は無限大になってしまう」ということです．つまり，特異性があるということです．特異性があると，遠くで加えた応力 σ_y^∞ がいくら小さくても，き裂先端では応力は無限大になってしまいます（実際の材料では，応力が無限大になる前に材料が壊れてしまうでしょう）．

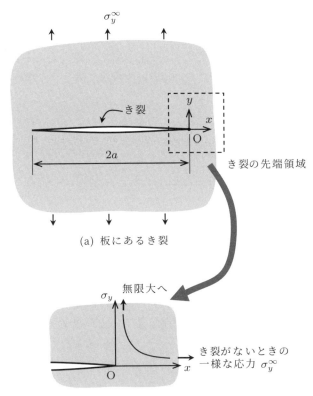

図 9.5　き裂とき裂先端の応力分布

注1　式 (9.11) で示される応力は，き裂の先端近くで支配的な項のみです．実際は当然，他の項も存在しますが，この項にだけ注目しています．

このように弾性力学では，また，それにも基づいて式をつくっている有限要素法では，き裂の先端近くでは極端に大きな応力が生じてしまうことになります．

しかし，そうだとすると，上で述べた降伏や破壊の閾値がどんなに大きくても有限であるなら，「小さな荷重をかけた途端にすぐに壊れてしまう」という奇妙な結論にいたります．しかし，実際の構造では，き裂があるからといって，小さな荷重を加えた途端に壊れるということはまずないでしょう．これでは，き裂がある場合には，解析結果を応力やひずみの限界（閾値）と比べることで，壊れるかどうかを判断するのは無理です．

そこで実際上の問題に対応するために，破壊力学が考えられました．そのもとになる考え方では，上のような極端な値をとる応力やひずみを直接みて，限界の値と比べるのはやめます．具体的には，応力やひずみの最大値のかわりに，式 (9.11) にある K_I という値を判断に使うことにします．K_I は**応力拡大係数**と呼ばれる量で，き裂先端の近くで応力が無限に大きくなる際に，それを表す項の係数です．

K_I は式 (9.11) で示されているように，き裂の大きさを表す a と，遠くで加えている応力 σ_y^∞ で表されます．K_I が，材料によって決まる限界値 K_{IC} に達したときに「き裂の先端が壊れる」，つまり，「き裂が伸びる」と考えます．すなわち，

$$K_I \geq K_{IC} \tag{9.12}$$

をき裂が進展する条件にする，というのが破壊力学の基本的な考え方です．

それでは，この応力拡大係数 K_I を有限要素法の計算から数値的に求める方法を解説します．例えば，き裂先端まわりの応力の分布を求めて，式 (9.11) に合致するような K_I の値を，いわゆる曲線近似から定めるという方法があります（**図 9.6**）．ただし，このようにして求められるのは，き裂をとりまく応力分布に対称性がある場合など，単純な場合に限られます．図 9.6 のき裂が孔から斜めに出ている場合などは，応力状態がき裂の上下で対称ではないなど，複雑であり，K_I を決めるのも煩雑になります．

これを克服する方法として，き裂まわりの要素に，「あらかじめ式 (9.11) で与えられるような」特異性を組み込んだ要素を使う方法もあります．この場合は，K_I などが，節点変位などと同じように求めるべき未知量（自由度）に加わることになります．

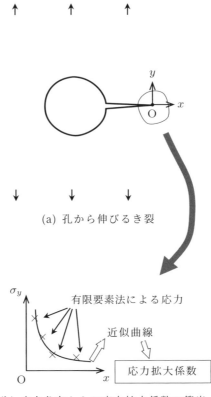

(a) 孔から伸びるき裂

(b) 応力分布からの応力拡大係数の算出

図 9.6 有限要素法による応力を使った応力拡大係数の算出

9.5.3 エネルギー解放率

しかし，それでも応力拡大係数を有限要素法と組み合わせるのが難しい場合が多々あります．そこで，もともと破壊力学で使われてきた別の方法を使う考え方があります．すなわち，エネルギーの収支からアプローチする方法です．

このエネルギーの収支からアプローチする方法とは，き裂が生成する（つまり，き裂が伸びることに伴って新しいき裂面ができる）ためには，「エネルギーが費やされなければならない」と考える方法です．このエネルギーは，構造物に外力などが加わったことで蓄えられているひずみエネルギーや，外力がもっている位置エネルギーなどから供給されるとします．

このように，構造が外力などの作用のもとで蓄えている全エネルギーを，構

造力学では**ポテンシャルエネルギー**[注2]と呼びます．ポテンシャルエネルギーはき裂が伸びると，必ず減少します．この減少量が「そっくりそのまま，き裂の生成に使われる」とするのが，エネルギーの収支からアプローチする方法です．

さて，「き裂の新しい表面を単位面積だけでつくるのに，どれだけのポテンシャルエネルギーが使われるか（減少するか）」にあたる量を**エネルギー解放率**と呼びます．これを式で表すと，

$$G = -\frac{d\Pi}{dA} \tag{9.13}$$

です．G がエネルギー解放率，Π は荷重が加わった状態にある構造物全体の系がもつポテンシャルエネルギー，A がき裂の面積です．つまり，き裂の面積の増加量 dA で，ポテンシャルエネルギーの減少分 $-d\Pi$ を除したものが，エネルギー解放率 G です．なお，Π はき裂が進めば減少するので（$d\Pi < 0$），G は常に正になります．

実際にき裂が伸びるときの条件は，この G の値が材料によって異なる限界値（閾値）G_C 以上になったときであると考えます．つまり，

$$G \geq G_C \tag{9.14}$$

をき裂進展の条件とします．

しかし，き裂の進展前と進展後では，状態が異なります．したがって，き裂が進展するときのポテンシャルエネルギーの差 $d\Pi$ を有限要素法で求めるとして，き裂の進展前と進展後の，2 つの異なる状態をモデル化して，それぞれポテンシャルエネルギーを計算します．その上で，差をとって $d\Pi$ を求めるのですが，いちいち進展前後の異なる状態をモデル化しないといけないので，かなり面倒です．

ここで，き裂の進展前後の 2 つの状態における，全エネルギーの変化を知るもっと効率の良い別の方法があります．すなわち，「き裂が伸びる過程を逆にたどる」，つまり，新たにできたき裂面に仮想的な力を加えてき裂を閉じる，ということを考えます．このき裂を閉じるために投入した仕事を計算できれば，き裂進展の際に失われたエネルギーと等しくなっているはずだからです．この

注2 ポテンシャルエネルギーは狭い意味では位置エネルギーを指すこともありますが，構造力学では位置エネルギーとは区別します．

方法を，**仮想き裂閉口法**（VCCT）と呼びます．

仮想き裂閉口法を適用する場合，弾性力学では，新たにできたき裂の面全体で，上で述べたような仕事を計算します．一方，有限要素法なら，例えば**図 9.7**のように，要素 1 つ分の長さだけき裂が伸びるとして，これをもとに戻すための仕事 dW は，

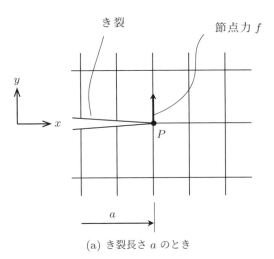

(a) き裂長さ a のとき

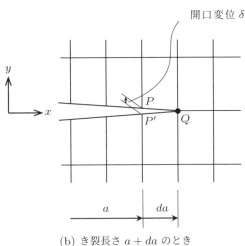

(b) き裂長さ $a+da$ のとき

図 9.7 有限要素法による仮想き裂閉口法の利用

$$dW = f_x\delta_x + f_y\delta_y + f_z\delta_z \tag{9.15}$$

で計算できます．ここで，f_x 等はき裂進展前の P 点における節点力の成分，δ_x 等は進展後の P 点（と P′ 点）における開口変位の成分です．なお，新たにき裂が開くところに他の節点（中間節点）があれば，当然その節点の寄与も計算します．以上より，エネルギー解放率 G は，

$$G = \frac{dW}{dA} = \frac{1}{t\,da}\left(f_x\delta_x + f_y\delta_y + f_z\delta_z\right) \tag{9.16}$$

で得られます．式 (9.16) では，厚さ t の板を考えているので，き裂進展で増えるき裂面の面積は $dA = t\,da$ としています．

このとき，き裂の進展前後の，2 つの状態の差がきわめて小さいとすれば，き裂進展前のき裂先端 P 点の節点力 f_x 等は，き裂進展後のき裂先端 Q 点の節点力 $(f_x)_Q$ 等とほぼ等しいとみなせるので，き裂進展前後の 2 つのモデルを「使わず」，き裂進展後（あるいは前）のモデル 1 つの計算だけで，近似的に，しかし良い精度で，エネルギー解放率の計算を済ませることができます．

つまり，き裂伸展前と進展後の 2 つの状態を計算する必要がなくなります．

もう少しエネルギー解放率を有限要素法で求める際のテクニックを考えてみましょう．破壊力学ではき裂の進展のしかたを 3 つに分類しています．これをき裂進展のモードといい（**図 9.8**），モード I，モード II，モード III があります．モード I はき裂が上下に開くようなき裂の進み方で，モード II はき裂が進む方向に対して前後にずれるような，モード III は左右にずれるような進み方です．これらのモードを区別する理由ですが，き裂の進みやすさが，これらのモードの違いで差が出てくるような材料もあるからです．つまり，3 つのモードに対応するように，エネルギー解放率の値を分離することが必要になってきます．

実際，有限要素法で仮想き裂閉口法を使ってエネルギー解放率を計算する際に使用する式 (9.16) をみると，右辺の 3 つの項は，それぞれ，モード II，モード I，モード III に対応していることがわかります．つまり，

$$G_\mathrm{I} = \frac{1}{t\,da}f_y\delta_y, \quad G_\mathrm{II} = \frac{1}{t\,da}f_x\delta_x, \quad G_\mathrm{III} = \frac{1}{t\,da}f_z\delta_z \tag{9.17}$$

によって，モード別のエネルギー解放率の値 G_I，G_II，G_III を計算できます．これを**エネルギー解放率のモード分離**といいます．

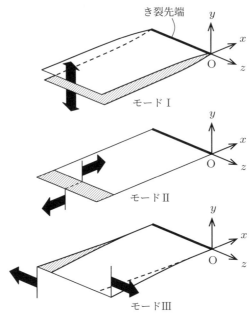

図 9.8　き裂の進展のしかたを表す 3 つのモード

9.5.4 ● き裂を考慮した要素分割

　き裂の先端近くでは，ひずみや応力が極端に大きくなることは，9.5.2 項（215〜217 ページ）で紹介した弾性力学の結果だけでなく，実験による観察でも明らかになっています．実際に起こるとなると，このような急激な変化を見過ごしてしまう結果につながるような，つまり正しい結果が解析結果から見えないような，モデル化をしないことが大切です．

　そのためには，き裂先端近くでは要素分割を細かくしたり，高次要素を使ってひずみや応力の変化に柔軟に追従できるようにする必要があります．

　ただし，逆に，「き裂があったらそのまわりをすべて細かく要素分割する」というのも，あまり賢い対処法とはいえません．応力やひずみの変化が大きいのは，き裂「先端の近く」だけなので，その部分の要素は小さくしなければなりませんが，それ以外は要素分割を粗くしてもよい場合が多いからです．

　やみくもに要素分割を細かくしても，よいことばかりではありません．例えば，コンピュータの記憶容量に制限がある場合や，繰返し計算が必要な場合の効率化のためには，モデルの自由度は少ないほうがむしろ有利でしょう．

コラム：き裂のモデル化

①二重節点

連続体中のき裂は，二次元問題においては線で，三次元問題においては面で表されます．二次元問題において線で表されるき裂の先端は点であり，三次元問題において面で表されるき裂の前縁は線分になります．したがって有限要素モデルにおいてき裂をモデル化する場合には，**図 9.9** に示すように，き裂線やき裂面は，有限要素の境界線，境界面で表現されます．したがって，き裂線やき裂面をはさんで対向する要素を構成する節点は，節点座標は同じであるものの，属する要素が異なる，いわゆる**二重節点（ダブルノード）**となります．

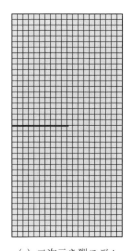

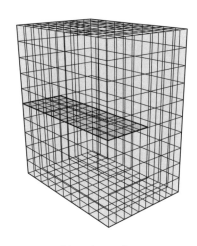

(a) 二次元き裂モデル　　　　　　　(b) 三次元き裂モデル

図 9.9　二重節点を用いたき裂モデル

②対称線，対称面にあるき裂

二次元，三次元問題における対称モデルにおいて，き裂が対称線上，あるいは対称面上にある場合には，特にき裂を明示的にモデル化する必要はありません．き裂がない線，面にだけ対称条件を与えることによってき裂をモデル化できます．**図 9.10** に二次元領域の対称線上にき裂がある場合の有限要素モデルおよび拘束条件の例を示します．

ここで，き裂線は二重節点にする必要はありません．対称線上のき裂がない

部分の節点には，通常の対称条件（この場合には，鉛直方向の変位拘束条件）を与えます．

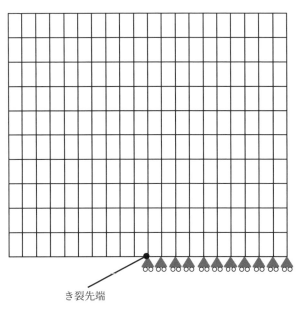

き裂先端

図 9.10　二次元き裂の対称モデル

③特異要素の利用と要素分割

また，き裂先端の応力場は，特異性を有します．すなわち材料の弾性を仮定すると，理論的にはき裂先端の応力は無限大になります．実際には，材料が降伏するので無限大にはなりませんが，それでもき裂先端での応力は非常に高くなります．本章で説明したように，二次元問題において，き裂先端を原点とする座標系 r をとると，二次元弾性理論によれば応力場は，$1/\sqrt{r}$ に比例する項を含み，き裂先端に近づくにつれて，非常に高い応力勾配を有します．

したがって，通常用いられる四角形要素や三角形要素を用いて，このようなき裂先端近傍の応力場を近似的に表現するには，非常に細かい要素分割が必要となります．

このような理由から，有限要素法によるき裂解析においては，しばしば**特異要素**が用いられます．二次元問題において，特異要素を用いた，き裂先端近傍

の要素分割を**図 9.11** に示します．

ここで用いられている要素は基本的には，四角形二次要素です．すなわち，要素の隅節点の 1 つがき裂先端点になります．このとき，図 9.11(c) に記入したように，四角形二次要素の 1, 4, 8 節点座標にき裂先端の同一の座標を与えて，三角形二次要素に縮退させます．

さらに，き裂先端点を含む辺の中間節点を，その辺の 1/4 の点に移動します．

このような処置をすることにより，き裂先端での応力場の特異性が表現可能になります．

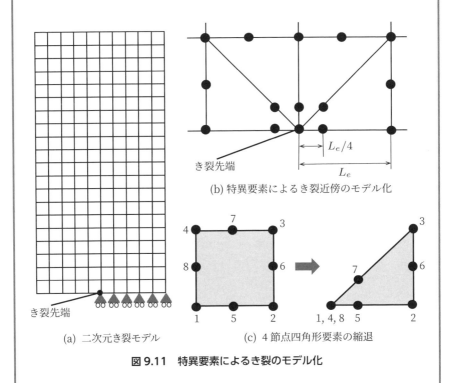

図 9.11 特異要素によるき裂のモデル化

MEMO

第10章 ツールの便利な機能を使いこなそう

- **10.1** メッシュ生成
- **10.2** 節点自由度数の低減手法
- **10.3** 領域積分法による
エネルギー解放率の計算
- **10.4** 並 列 計 算
- **10.5** XFEM

第 10 章 ツールの便利な機能を使いこなそう

ある日の会話

有限要素法解析は，任意の形状の応力解析ができるけど，複雑な形状を要素に分割するのはやっぱり難しいね…….

そのとおりさ．でも，基本的にはソフトウェアの機能を用いて分割できるし，自動要素分割機能というのもあるから，何とかなるよ！

でも，何も考えずコンピュータまかせ，というのとはちょっと違うしね…….

解析対象と求めたい結果をよく考慮して，精度が必要な部分に細かな要素を用いるなど，もちろん工夫は必要！

でも，詳細なメッシュを用いた大きなモデルを用いた解析では計算時間がかかりすぎると，ブーイングが出そう…….

その気持ちは本当によくわかる！
ここでは，商用の有限要素法ソフトウェアに組み込まれている解析を効率化するための，さまざまなツールを学んで，1 UP しよう．

228

10.1 メッシュ生成

> **Point!**
> - 有限要素法による解析の精度は，解析に用いるメッシュの品質に依存します．
> - 実務における有限要素法解析では，自動要素分割技術の利用が不可欠です．
> - アドバンシングフロント法，デラウニ法は自動メッシュ分割手法の核となります．
> - 解析精度を向上させるためには，応力勾配が大きい部分に，細かい要素を用いる必要があります．
> - 応力勾配が大きい部分では，要素の大きさの急変を避けるべきです．

10.1.1 メッシュ生成

有限要素法解析の手順において，解析領域を要素に分割する，いわゆる**メッシュ分割**は必須です．その際，要素の粗密やゆがみは，解析精度に影響を与えることがあるので，メッシュの品質は非常に重要です．また，実務においては多数の要素を用いるので，ソフトウェアを利用してメッシュ分割を行います．

有限要素メッシュの分割パターンは，構造メッシュと非構造メッシュに分類されます．**構造メッシュ**は，**図 10.1**(a) に示すように，単純な形状を有する二次元，三次元領域をそれぞれ四角形，六面体要素のみを用いて要素分割するため，規則正しい節点配置，要素配置となります．一方，**非構造メッシュ**は，

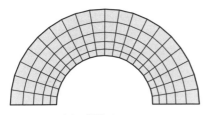
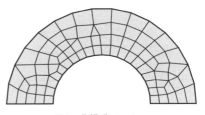

(a) 構造メッシュ　　　　　　　　(b) 非構造メッシュ

図 10.1 構造メッシュと非構造メッシュ

229

図 10.1(b) に示すように，不規則な節点配置，要素配置を有し，四角形要素，六面体要素だけではなく，三角形要素や，四面体要素も用いられます．

図 10.2 に円孔を有する薄肉平板の二次元の有限要素モデルについて，メッシュ分割の例を示します．図 10.2(a) は，マップドメッシュによる分割で，四角形要素を用いた構造メッシュになっています．一方，図 10.2(b) は，フリーメッシュによる分割で，全領域が四角形要素で分割されているものの，節点配置，要素配置が不規則な，非構造メッシュになっています．

マップドメッシュは，基本的な四角形や六面体のプリミティブ形状を用いて解析対象を大まかに分割した後，生成されたプリミティブ形状の内部に写像（マッピング）することにより要素分割する方法であり，比較的整った構造的なメッシュを生成することが可能です．一方，**フリーメッシュ**は，その名のとおり，領域を「自由に」要素分割します．なお，二次元の場合には，四角形または三角形で要素分割されます．

フリーメッシュは後述するデラウニ法やアドバンシングフロント法に基づく，自動要素分割方法などで用いられます．

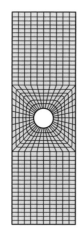 

(a) マップドメッシュ　　　　　(b) フリーメッシュ

図 10.2 マップドメッシュとフリーメッシュ

10.1.2 デラウニ法

デラウニ法は，自動メッシュ分割の基本技術として用いられる方法です．この方法は，任意の二次元凸領域，三次元凸領域を，それぞれ三角形，四面体領域に分割する手順を提供します．なお，デラウニ法は，ドロネイ法，デローニ法などと記される場合もあります．

二次元問題について，デラウニ法の手順の概要を**図 10.3** に示します．図 10.3(a) のような三角形要素に分割された領域に対して，図 10.3(b) のように新たに節点 P を追加します．そして，既存の三角形要素に対して，図 10.3(c) のようにその外接円が点 P を含むものをすべて消去し，それによって生じた多角形の頂点と点 P を結び，図 10.3(d) のように新たに要素を生成します．なお，三次元問題については，外接球を用いて同様な手順を適用することにより，四面体要素を生成できます．

また，有限要素法の解析対象領域は凸領域とは限らないので，領域を複数の凸領域に分けたり，非凸領域内に生成したメッシュを消去するなどの処理を追加して，実際の解析対象のメッシュ分割に問題なく使えるように有限要素法解

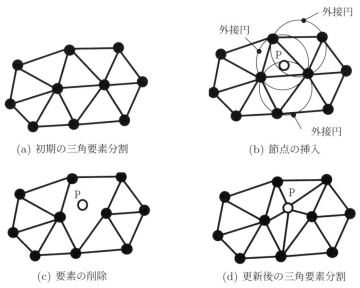

図 10.3　デラウニ法

析ソフトウェアはプログラミングされています．さらに，実際に適用すると，体積がほとんど0で扁平な，いわゆるスライバー要素が得られたり，数値誤差や節点の挿入順序により正しく要素が生成できない場合もあるので，これらを回避するための工夫も必要になります．

10.1.3 アドバンシングフロント法

アドバンシングフロント法は，解析対象領域の表面に沿って生成した要素を順次，解析領域の内部に進展させていき，解析領域をメッシュで埋め尽くす方法です．

二次元問題について，アドバンシングフロント法の手順の概要を**図 10.4** に示します．図 10.4(a) のように解析領域の境界線を初期のフロントとします．

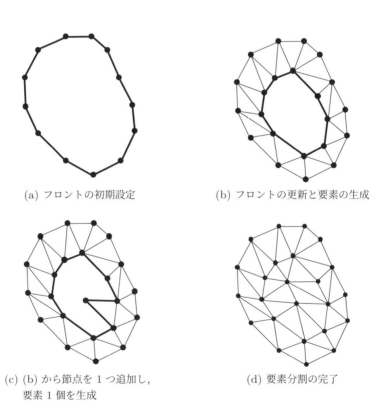

(a) フロントの初期設定　　(b) フロントの更新と要素の生成

(c) (b) から節点を1つ追加し，要素1個を生成　　(d) 要素分割の完了

図 10.4　アドバンシングフロント法

次に，図 10.4(b) のようにフロントを内部に更新して，節点を生成しながら要素を生成します．図 10.4(c) は (b) から節点を 1 つ追加し，要素 1 個を生成し，フロントを (b) から更新した状態です．この手順を繰り返して，図 10.4(d) に示すように領域を要素で埋め尽くします．

10.1.4　応力集中部の要素分割

図 **10.5** に，一様引張り荷重を受ける円孔付き平板についての，二次元平面応力解析の 1/4 モデルのメッシュ分割例を示します．

ここで，円孔近傍では，応力勾配が大きいので比較的細かい要素分割が用いられています．さらに，応力集中は円孔周辺であることがわかっているので，図 10.5(b) に示すように円孔の周辺に向けて，半径方向に要素の寸法が次第に等比級数的に小さくなるように分割にします．このような処理をバイアスといいます．すなわち，メッシュの寸法にバイアスをかけることによって，要素の大きさの急変を避けながら，応力集中する部位に細かいメッシュを設定できます．

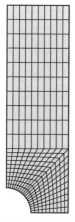
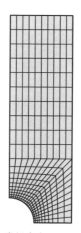

(a)　半径方向均等分割　　　　　(b)　半径方向バイアスあり

図 **10.5**　一様引張り荷重を受ける円孔付き平板の問題（1/4 モデル）

10.2 節点自由度数の低減手法

Point!
- 線形弾性体の静解析においては，解析領域の内部の節点自由度を静的縮約することにより，スーパーエレメント（静的部分剛性マトリクス）が得られます．
- スーパーエレメントを用いることにより，全体システムの節点自由度数を大幅に節約し，解析効率を向上することができます．

図 10.6(a) に示すような多数の有限要素で分割された，外力を受ける領域を考えます．ここで，材料は線形弾性体と仮定します．いま，この領域における静的な応答は次式のように表されるとします．

$$\mathbf{Ku} = \mathbf{F} \tag{10.1}$$

ここに $\mathbf{K}$ は要素剛性マトリクスを重ね合わせて得られる全体剛性マトリクス，$\mathbf{F}$ は，この領域に作用するすべての外力を表す全体荷重ベクトル，$\mathbf{u}$ は節点変位ベクトルです．

さて，このような有限要素モデルの節点のうち，領域の境界上に位置する節点が属する集合 S_r と，それ以外の節点が属する集合 S_e を考えます．また，S_r, S_e に属する節点の変位ベクトルをまとめて，$\mathbf{u}_r$, $\mathbf{u}_e$ と表します．このとき，式 (10.1) は次式のように書くことができます．

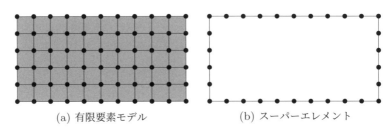

(a) 有限要素モデル   (b) スーパーエレメント

図 10.6　スーパーエレメント（静的部分剛性マトリクス）

$$\begin{bmatrix} \mathbf{K}_{rr} & \mathbf{K}_{re} \\ \mathbf{K}_{er} & \mathbf{K}_{ee} \end{bmatrix} \begin{Bmatrix} \mathbf{u}_r \\ \mathbf{u}_e \end{Bmatrix} = \begin{Bmatrix} \mathbf{F}_r \\ \mathbf{F}_e \end{Bmatrix} \tag{10.2}$$

ここに分割された $\mathbf{u}_r$, $\mathbf{u}_e$ に対応して，分離され並べ直した全体剛性マトリクスを $\mathbf{K}_{rr}$, $\mathbf{K}_{re}$, $\mathbf{K}_{er}$, $\mathbf{K}_{ee}$，外力ベクトルを $\mathbf{F}_r$, $\mathbf{F}_e$ と表しました．

式 (10.2) の展開式において，2 行目の式を並べ変えた式を解くことにより，次式を得ることができます．

$$\mathbf{u}_e = \mathbf{K}_{ee}^{-1}\left(\mathbf{F}_e - \mathbf{K}_{er}\mathbf{u}_r\right) \tag{10.3}$$

さらに，式 (10.3) を式 (10.2) の 1 行目に代入して次式を得ます．

$$\left(\mathbf{K}_{rr} - \mathbf{K}_{re}\mathbf{K}_{ee}^{-1}\mathbf{K}_{er}\right)\mathbf{u}_r = \mathbf{F}_r - \mathbf{K}_{re}\mathbf{K}_{ee}^{-1}\mathbf{F}_e \tag{10.4}$$

また，式 (10.4) は次式のように書き直すことができます．

$$\mathbf{K}_S \mathbf{u}_r = \mathbf{F}_S \tag{10.5}$$

$$\begin{cases} \mathbf{K}_S = \begin{bmatrix} \mathbf{I} \\ -\mathbf{K}_{ee}^{-1}\mathbf{K}_{er} \end{bmatrix}^T \begin{bmatrix} \mathbf{K}_{rr} & \mathbf{K}_{re} \\ \mathbf{K}_{er} & \mathbf{K}_{ee} \end{bmatrix} \begin{bmatrix} \mathbf{I} \\ -\mathbf{K}_{ee}^{-1}\mathbf{K}_{er} \end{bmatrix} \\ \mathbf{F}_S = \begin{bmatrix} \mathbf{I} \\ -\mathbf{K}_{ee}^{-1}\mathbf{K}_{er} \end{bmatrix}^T \begin{Bmatrix} \mathbf{F}_r \\ \mathbf{F}_e \end{Bmatrix} \end{cases}$$

このように，領域全体の剛性マトリクスは，領域境界上にある節点変位，節点力で定義される等価な剛性マトリクスに置き換えることができます．すなわち式 (10.5) で，一度 $\mathbf{K}_S$, $\mathbf{F}_S$ を計算しておけば，領域全体を図 10.6(b) に示すように，あたかも 1 つの要素に置き換えることができます．このような要素を**スーパーエレメント**，あるいは**静的部分剛性マトリクス**といいます．スーパーエレメントを，別の要素と結合して用いることにより，全体システムの節点数を大幅に節約し，解析効率を向上することが可能になります．

10.3 領域積分法による エネルギー解放率の計算

Point!

- き裂先端について定義される J 積分は経路独立の周回積分であり，線形弾性体においては，その値はエネルギー解放率に一致します．
- J 積分は二次元では線積分として表されますが，領域積分表示に変換することで，面積分に変換できます．これを J 積分の領域積分表示といいます．
- J 積分の領域積分表示に基づき，有限要素法によるき裂解析結果を用いて，エネルギー解放率を求めることができます．

10.3.1 J 積分

二次元非線形弾性体中の直線状のき裂を対象として定義される J 積分は，破壊力学パラメータとして広く用いられています．

ここでは，**図 10.7**(a) に示すように，二次元平面において，原点に先端を有する直線上のき裂を考えます．このとき，き裂先端近傍の，き裂先端を囲む任意の経路 Γ についての J 積分を次式のように定義します．

$$J_\Gamma = \int_\Gamma \left[w n_x - (\sigma_x n_x + \tau_{xy} n_y) \frac{\partial u}{\partial x} - (\tau_{xy} n_x + \sigma_y n_y) \frac{\partial v}{\partial x} \right] ds \quad (10.6)$$

ここに，Γ はき裂先端を囲みき裂の下面から上面にいたる半時計まわりの任意の積分経路，n_x は経路 Γ 上の外向き法線ベクトルの x 方向成分，u, v は x, y 方向の変位成分，$\sigma_x, \sigma_y, \tau_{xy}$ は応力成分です．また，w は応力成分とひずみ成分 $\varepsilon_x, \varepsilon_y, \gamma_{xy}$ を用いて定義されるひずみエネルギー密度です．

したがって，二次元線形弾性体の場合には，w は次式で表されます．

$$w = \frac{1}{2} \left(\sigma_x \varepsilon_x + \sigma_y \varepsilon_y + \tau_{xy} \gamma_{xy} \right) \quad (10.7)$$

式 (10.6) で表される J_Γ は，（証明は省略しますが）物体力やき裂面上の荷重がなければ，積分経路 Γ に依存しません．したがって，通常，J 積分の値は，積分経路を明記せずに単に J と書きます．また，線形弾性体においては，J 積分の値は線形破壊力学で扱ったエネルギー解放率に等しくなります．

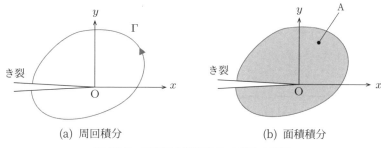

図 10.7　二次元き裂先端の J 積分の定義

この J 積分は，破壊力学における強度評価に用いられる破壊力学パラメータの 1 つとなります．

10.3.2 ◆ J 積分の領域積分表示

図 10.7(a) に示したように J 積分は，き裂先端まわりの周回積分として定義されます．したがって，有限要素法の解析結果があれば，この値を計算することが可能です．しかしながら，最近の商用の有限要素法解析ソフトウェアでは，通常そのような手順を用いません．

かわりに，式 (10.6) に示すような J 積分の表記を領域積分（二次元の場合は面積積分，三次元の場合は体積積分）に置き換えた上で，有限要素法の解析結果を用いて評価します．

具体的には，次式を用います．

$$J = \iint_A \left[\left(\sigma_x \frac{\partial u}{\partial x} + \tau_{xy} \frac{\partial v}{\partial x} - w \right) \frac{\partial q}{\partial x} + \left(\tau_{xy} \frac{\partial u}{\partial x} + \sigma_y \frac{\partial v}{\partial x} \right) \frac{\partial q}{\partial y} \right] dxdy \tag{10.8}$$

ここに q は重み関数，領域 A は図 10.7(b) に示すような Γ が囲む領域です．この重み関数 q は，き裂先端で 1，領域 A の境界で 0 となる，なめらかな連続関数であれば任意に選べます．

式 (10.6) と (10.8) から計算される J は，証明は省略しますが，同じ値になります．

10.3.3 ◆ 有限要素法の解析結果を用いた領域積分の計算

有限要素法による解析結果を用いて J 積分の領域積分表示を計算することによって，J 積分，すなわちエネルギー解放率を求めることができます．ここで

は**図 10.8** に示すように，き裂形状を含む線形弾性体が二次元四角形要素を用いてモデル化されているものとします．き裂先端を含む要素の集合を SET 1, SET 1 を囲む要素の集合を SET 2, SET 2 を囲む要素の集合を SET 3, … とします．

図 10.8(a) は，き裂先端の節点において q の値が 1，それ以外の節点での q の値が 0 となるように，要素を用いて q を定義する方法を示しています．このとき，式 (10.8) における被積分関数は，図 10.8(a) の網かけ部分だけで積分すれば十分です．なぜなら，それ以外の部分では，$\frac{\partial q}{\partial x} = 0, \frac{\partial q}{\partial y} = 0$ となって，被積分関数は 0 になるからです．これを 1 周目の値と呼ぶことにします．

図 10.8(b) は，SET 1 の要素に属する節点での値が 1，それ以外の節点での値が 0 となるように q を定義する方法を示しています．ここでも図 10.8(b) の網かけ部分だけで積分すれば十分です．これが 2 周目の値です．

同様に図 10.8(c) は，3 周目の値を計算するための q の節点値と積分領域を示します．

このように，領域積分法では，き裂先端に近い位置から順に J 積分を計算することができます．したがって，J 積分は理論的には経路に依存しないのですが，実際には数値計算を用いて評価するので，重み関数 q の設定方法，すなわち積分領域によって，値が若干変わってしまいます．注意すべき点として，概して，き裂先端を含む 1 周目の積分は，有限要素法の解析の近似誤差が大きいと考えられることがあります．そのため，周回数を増やしながら J 積分を計算し，ほぼ一定になった値を採択すべきです．

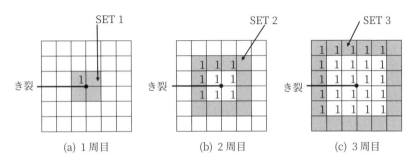

図 10.8 領域積分法における積分領域と重み関数 q の値

10.4 並列計算

> **Point!**
> - 有限要素法による解析の計算時間を短縮するためには，単一のCPUの演算性能に頼るのでは限界があり，並列計算が不可欠です．
> - 並列計算の方法には，共有メモリ型と，分散メモリ型があります．
> - 問題の規模や解析の種類，実行環境によって，どのような並列化が最も性能が良いかを事前に検討する必要があります．

10.4.1 並列計算による計算時間の短縮

実際の設計解析に有限要素法を用いる場合，限られた時間の中で，できるだけ精度の良い計算を実行することが求められます．したがって，計算時間を短縮することは非常に重要です．

それでは，計算時間を短縮するにはどうすればよいでしょうか．まず，最初に思いつくのは，高速演算速度を有するCPU（プロセッサ）を搭載したコンピュータを使うことです．しかし，演算速度を上げるには，CPUのクロック（動作周波数）を向上すればよいのですが，発熱の問題があり，これには限界があります．そこで考えられるのは，複数のCPUを用いて，演算を同時並行的に実施することです．このような計算手法を**並列計算**といいます．

この並列計算手法は，共有メモリ型と分散メモリ型に分類されます．

10.4.2 共有メモリ型並列計算

有限要素法による解析に使われるソフトウェアに限らず，一般のソフトウェアは，コンピュータ上でプロセスと呼ばれる計算処理の単位で管理され，実行されます．

プロセスは，実行コード（プログラム）とデータから構成されており，プログラムにしたがって，計算を順次進めながらデータを書き換えることによって処理を進めていきます．具体的には，処理を加えるデータはメモリ上に確保さ

れ，演算を担う CPU からアクセスされます．

共有メモリ型並列計算では，**図 10.9**(a) に示すように複数の CPU が同じメモリを共有する形で並列計算します．このような並列処理をコンピュータ言語で実装する方法として **OpenMP** が用いられます．

OpenMP を使うことにより，Fortran や C 言語で書かれたソースコードを改めて書き換えることなく，**ディレクティブ**と呼ばれるコメント文を挿入することによって，並列処理プログラムを作成できます．

10.4.3 分散メモリ型並列計算

分散メモリ型並列計算は，図 10.9(b) に示すように，分散されたメモリ上のデータを交換しながら並列計算を進める方法です．そのため，データ領域をあらかじめ分割しておき，複数の CPU どうしで通信を行いデータを交換しながら処理を進めます．このような並列処理をコンピュータ言語で実装する方法として **MPI** が用いられます．

MPI を使うことにより，Fortran や C 言語で書かれたソースコードで，MPI で定義されたサブルーチンや関数を呼び出すことによって，プロセス間通信の処理を明示的に記述することなく，並列処理プログラムを作成できます．

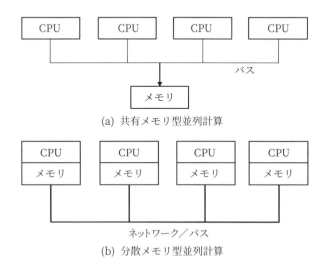

図 10.9 共有メモリ型と分散メモリ型の並列計算

10.4.4 共有メモリ型と分散メモリ型の使い分け

　商用の有限要素法の解析ソフトウェアの多くは，すでに，並列計算が適用可能となっていますが，共有メモリ型対応のものと，分散メモリ型対応のものがあります．

　共有メモリ型に対応しているものであれば，概してどのようなソフトウェアの機能についても並列計算で実施可能ですが，分散メモリ型に対応しているものである場合には，データ分割の処理が必要なので，ソフトウェアの機能によっては利用できないことがあります．また，実行時にMPIのライブラリを利用するので，提供されるモジュールがどのような種類のMPIに対応しているかに留意する必要があります．

　なお，並列計算においては並列数 N を増やすことによって，計算時間が $1/N$ になることが理想ですが，メモリ間の通信速度の影響や，並列化できない処理があるために，実際には必ずしもそのような性能向上は得られません（当然，解析の規模にも依存します）．

　計算を実施するコンピュータの性能を考慮して，共有メモリ型か分散メモリ型かといった適切な方法や，利用するプロセッサ数を選択することは重要です．

XFEM

> **Point!**
> - PUFEMは，有限要素法の形状関数に基底関数を拡充することによって，有限要素法の近似性能を向上させる方法です．
> - XFEMはき裂近傍の変位場の不連続性を表すことができる基底関数（具体的にはヘビサイド関数）や，き裂先端の変位場の漸近特性を表すことができる基底関数（漸近解基底）を拡充することにより，有限要素と独立にき裂形状をモデル化します．
> - XFEMを用いることにより，メッシュ再分割なしにき裂進展解析を効率的に実施することが可能となります．

10.5.1 PUFEM

独立変数 x で表されるスカラーの変位場 u を扱う一次元問題を考えます．このとき，有限要素法においては，変位場 u の近似 u^h を形状関数 $N_I(x)$ を用いて，次式のように表します．

$$u^h(x) = \sum_I N_I(x) u_I \tag{10.9}$$

ここに u_I は，節点 I の変位です．

さて，有限要素法による解析においては解の収束性が非常に重要であるといいますが，ここでいう**解の収束性**とは，「メッシュ分割を十分に細かくした場合には，解が真の解に収束すること」をいいます．

また，有限要素法の内挿関数 $N_I(x)$ は，次式を満足します．

$$\sum_I N_I(x) = 1, \quad \sum_I N_I(x) x_I = x \tag{10.10}$$

式 (10.10) は，有限要素が剛体変形（ひずみが 0），および線形変形（ひずみが一定）であることを再現するための条件です．これらの式から，評価点を含む要素を構成するすべての節点に関する内挿関数の値の合計は 1 となり，そ

の点の座標値は，節点の座標値を内挿することによって得られることがわかります．

また，これらの条件は，線形弾性問題において，解析領域を十分細かく有限要素分割した場合に，収束解が得られることを保証する条件になっています．この $\sum_I N_I(x) = 1$ となる条件を **PU**（Partition of Unity）**条件**といいます．

有限要素法はそもそも理論解や厳密解が未知の問題に対して，近似解を求める手法です．しかしながら，何らかの理由で，解の特性が事前にわかっている場合もあります．いま，その特性が関数 $g(x)$ で表されるものとします（このような関数を**拡充関数**といいます）．

このとき，変位場近似 u^h は次式のように表されます．

$$u^h(x) = \sum_I N_I(x)(u_I + a_I g(x)) \tag{10.11}$$

ここに a_I は基底関数 $N_I(x)g(x)$ についての自由度です．

式 (10.11) のように表される近似関数を用いる解析手法を **PUFEM** といいます．ここで，式 (10.11) で，すべての節点において a_I を 0 とすれば，式 (10.11) は式 (10.9) に示した通常の有限要素法による近似関数と一致するので，通常の有限要素法が有する特性を完全に継承します．一方，すべての節点において，$u_I = 0, a_I = 1$ とすると，内挿関数の PU 条件から次式が得られます．

$$u^h(x) = \sum_I N_I(x)g(x) = g(x) \tag{10.12}$$

式 (10.12) から，拡充関数 $g(x)$ を式 (10.11) は完全に再構成できることがわかります．すなわち，PUFEM における近似関数である式 (10.11) は，従来の有限要素法の近似特性を有し，拡充した関数 $g(x)$ を再構成できることがわかります．

10.5.2 XFEM によるき裂のモデル化

PUFEM に基づく近似関数を用いた解析手法の 1 つとして **XFEM**（the eXtended FEM：**拡張有限要素法**）が提案されています．XFEM においては，拡充関数としてき裂近傍の変位場の不連続性を表現可能な基底関数（**漸近解基底**）を用いることによって，き裂を，有限要素メッシュと独立に表現可能になります．

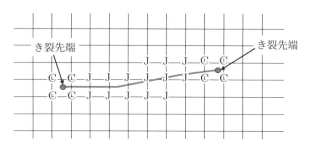

図 10.10　XFEM による二次元き裂のモデル化

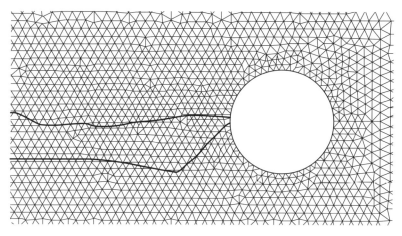

図 10.11　XFEM によるき裂のモデル化

図 10.10 に XFEM による二次元き裂問題のモデル化の例を示します．この図から，XFEM を使うと，き裂線が有限要素モデルと独立に表されることがわかります．なお C は漸近解基底を拡充する節点，J は以下に説明するヘビサイド関数の基底を拡充する節点を示します．

このようなモデル化において，き裂近傍の変位場は次式のように表されます．

$$\mathbf{u}^h(\mathbf{x}) = \sum_{I=1}^{4} \mathbf{N}_I(\mathbf{x})\mathbf{u}_I + \sum_{I \in C} \mathbf{N}_I(\mathbf{x}) \sum_{k=1}^{4} \gamma_k(\mathbf{x})\mathbf{a}_I^k + \sum_{I \in J} \mathbf{N}_I(\mathbf{x}) H(\mathbf{x})\mathbf{b}_I$$

ここに $\mathbf{N}_I(\mathbf{x})$ は通常の有限要素法での形状関数，$\mathbf{u}_I, \mathbf{a}_I, \mathbf{b}_I$ は節点に割り付けられる節点自由度ベクトル，$\gamma_k\ (k=1,\ldots,4)$ はき裂先端近傍の変位場の漸近解を再構成できる基底関数，$H(\mathbf{x})$ はき裂近傍での変位の不連続性を表す

ヘビサイド（Heaviside）**関数**であり，き裂の上側で 1，下側で −1 となります．

特に，等方性線形弾性き裂問題における基底関数 γ_k $(k = 1, \ldots, 4)$ としては，次式が用いられます．

$$\begin{cases} \gamma_1 = \sqrt{r}\cos\left(\dfrac{\theta}{2}\right), \quad \gamma_2 = \sqrt{r}\sin\left(\dfrac{\theta}{2}\right) \\ \gamma_3 = \sqrt{r}\sin\left(\dfrac{\theta}{2}\right)\sin\theta, \quad \gamma_4 = \sqrt{r}\cos\left(\dfrac{\theta}{2}\right)\sin\theta \end{cases} \tag{10.13}$$

ここに r, θ はき裂先端位置を原点とする極座標です．

このように XFEM では，**図 10.11** に示すようにメッシュと独立にき裂線をモデル化できるので，停留き裂解析[注1]を効率化できます．

さらに，き裂が進展した場合において，メッシュ再分割が不要になるので，き裂進展解析の効率化が可能になります．

注1　その場所に停まった，進展しないき裂のことを**停留き裂**といいます．

コラム：ダミー節点の利用と仮想き裂閉口法への適用

①ダミー設定を用いた内力の抽出

図10.12(a) に示すような一様断面棒の左端を完全拘束し，右端に集中荷重 P を加えた静解析を実施することを考えます．

このとき左端部が，壁から受ける力は，有限要素法で計算するまでもなく，左向きに P となります．このような力を**反力**，あるいは**拘束点反力**といいます．

さて，解が明らかなこのような問題を，あえて図10.12(b) に示すような構造要素の1つである二次元2節点トラス要素を2つ用い，有限要素法を用いて静解析してみます．ここでは，棒の長さを100 mm，ヤング率200 GPa，断面積を10 mm^2 とします．節点1を完全拘束し，節点3に水平方向に1Nの集中荷重を与えます．

このとき反力は，節点1において，水平方向に−1Nだけ生じます．また，反力と外力の総和は0になり釣り合い状態が得られていることを確認できます．−1Nの反力が拘束点に生じることは，左向きに1Nの反力が生じることに対応しています．

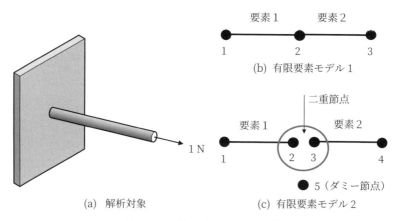

(a) 解析対象
(b) 有限要素モデル1
(c) 有限要素モデル2

図10.12　棒の引張り問題の解析

さて，解析モデルの要素1と要素2との間の節点2で伝達される力は，いくらになるでしょうか？　もちろん，この場合には，解析するまでもなく1Nであることは明らかです．しかしながら，この値は，通常の商用の有限要素法ソフトウェアを用いた解析では，出力されません．

そこで,図 10.12(c) のような解析モデルを作成します.すなわち,要素 1 を節点 1,2 で,要素 2 を節点 3,4 で定義した上で,ダミー節点 5 を設けて,次式のような多点拘束条件,および単点拘束条件を与えます.

$$u_3 - u_2 = u_5, \quad u_5 = 0 \tag{10.14}$$

この条件を拘束条件として課して,図 10.12(c) で表される問題を解くと,節点 5 における拘束点反力は 1N となり,節点 2 で伝達される力が 1N であることがわかります.

② 仮想き裂開口法に基づくエネルギー解放率の計算

図 10.13(a) に示すような二次元片側き裂付き平板について第 9 章で説明した仮想き裂開口法を用いてエネルギー解放率を計算し,き裂先端での応力拡大係数を評価します.

仮想き裂開口法では,き裂先端における内力と,き裂先端から 1 要素だけ離れた節点での開口変位を用いて,エネルギー解放率を次式のように計算できます.

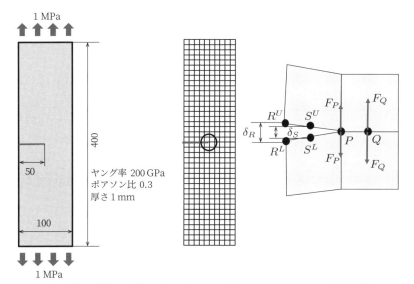

図 10.13 仮想き裂開口法によるき裂先端のエネルギー解放率の評価

$$G = \frac{1}{2a}\left(F_P \delta_R + F_Q \delta_S\right) \tag{10.15}$$

さらに，応力拡大係数 K_I は，平面応力場を仮定すると，次式で計算されます．

$$K_I = \sqrt{GE} \tag{10.16}$$

さて，対称モデルを用いれば，き裂先端に作用する力は，反力として容易に取り出すことができます．しかしながら，図 10.13(b) のような全体モデルでは，き裂先端に作用する内力は，反力として出力されません．そこで，**図 10.14** に示すように有限要素モデルを修正します．つまり，図 10.14(a) のように，もとのモデルのき裂開口部は，二重節点になっていますが，図 10.14(b) のように，先端とその右側の中間節点も二重節点とします．

さらに，4 つのダミー節点を設定します．図 10.14(c) に節点配置の詳細を示します．

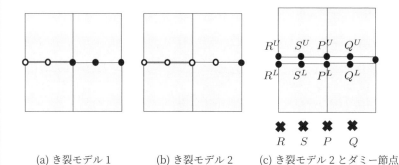

(a) き裂モデル 1　　　(b) き裂モデル 2　　　(c) き裂モデル 2 とダミー節点

図 10.14　ダミー節点による内力，相対変位の抽出
（● 通常節点，○ 二重節点，✖ ダミー節点）

このとき，次式で示すように，き裂線上の対向する節点間の鉛直方向の相対変位をダミー節点 R, S の変位に割り当てます．

$$\begin{cases} u_1^R = u_1^{R^U} - u_1^{R^L}, & u_2^R = u_2^{R^U} - u_2^{R^L} \\ u_1^S = u_1^{S^U} - u_1^{S^L}, & u_2^S = u_2^{S^U} - u_2^{S^L} \end{cases} \tag{10.17}$$

同様に，き裂先端を含むリガメント（幅からき裂を除いた部分）上の対向する節点間の相対変位をダミー節点 P, Q の変位に割り当てます．

$$\begin{cases} u_1^{P^U} - u_1^{P^L} = u_1^P, & u_2^{P^U} - u_2^{P^L} = u_2^P \\ u_1^{Q^U} - u_1^{Q^L} = u_1^Q, & u_2^{Q^U} - u_2^{Q^L} = u_2^Q \end{cases} \quad (10.18)$$

ここで，リガメント上の節点は二重節点ですが，同じ変位の値をとり，相対変位は 0 であるので，単点拘束条件として次式を与えます．

$$u_1^P = 0, \quad u_2^P = 0, \quad u_1^Q = 0, \quad u_2^Q = 0 \quad (10.19)$$

したがって，多点拘束条件として式(10.17)，(10.18) の 8 つの式を，単点拘束条件式として，式(10.19) を追加して与えることによって，き裂線間の相対変位と対応する内力が，解析結果に出力可能になります．

なお，多くの商用の有限要素法ソフトウェアは多点拘束条件が定義可能ですが，多点拘束条件式の第 1 項は，従属自由度を定義する規則になっている場合が多いと思われます．一方，第 2 項以下は，独立自由度になるので，他の多点拘束条件式の独立自由度としても用いることができますし，単点拘束条件を与えることができます．

したがって，ここで示した例における多点拘束条件式は，例えば，次式に示すように記述すべきです．

$$\begin{cases} u_1^R - u_1^{R^U} + u_1^{R^L} = 0 \\ u_2^R - u_2^{R^U} + u_2^{R^L} = 0 \\ u_1^S - u_1^{S^U} + u_1^{S^L} = 0 \\ u_2^S - u_2^{S^U} + u_2^{S^L} = 0 \\ u_1^{P^U} - u_1^{P^L} - u_1^P = 0 \\ u_2^{P^U} - u_2^{P^L} - u_2^P = 0 \\ u_1^{Q^U} - u_1^{Q^L} - u_1^Q = 0 \\ u_2^{Q^U} - u_2^{Q^L} - u_2^Q = 0 \end{cases} \quad (10.20)$$

MEMO

索　引

アルファベット

B-Rep 49
CG 法 131
CSG 49

J 積分 236
LU 分解 129
MPC 86
MPI 240

OpenMP 240
PCG 法 131
PUFEM 243
PU 条件 243
SI 単位系 14
SPC 85

von Mises 応力 207
von Mises の降伏条件 206
XFEM 243

あ

アイソパラメトリック要素 83
アドバンシングフロント法 232
アワーグラス制御 174
アワーグラスモード 174

一次補間 115
一般化フックの法則 23, 107
一般化ヤコビ法 134
一般固有値問題 133, 186
異方性 55

上三角マトリクス 129

エネルギー解放率 219
　　──のモード分離 221

エルミート補間 163

応　力 19, 20
　　──拡大係数 217
　　──集中 7
　　──テンソル 20
　　──場 21
　　──ベクトル 19
オフセット 103
　　──荷重 103
重み係数 120

か

解の収束性 242
解の唯一性 195
外　力 19
　　──の仮想仕事 25
拡充関数 243
拡張有限要素法 243
仮想き裂閉口法 220
仮想仕事の原理式 25
仮想ひずみ 25
仮想変位 24
カップリング剛性 73
慣性力 78

幾何学的境界条件 24, 44
　　──問題 12
幾何学非線形 62
幾何剛性マトリクス 197
基底ベクトル 16
基本単位 14
境界非線形 63
　　──問題 12
強　度 55
共役勾配法 131
共有メモリ型並列計算 240

251

索 引

キルヒホッフ-ラブの板理論 169
キログラム重 14

組立単位 14
クーラン条件 191

形状関数 27, 113
現象加速 192

工学単位系 14
構成方程式 107
剛性方程式 36
構造解析 19
構造メッシュ 229
構造要素 141
拘束条件 44
拘束点反力 246
剛　体 77
降　伏 63
国際単位系 14
古典積層理論 69
固有値 133
固有ベクトル 133

さ

材料非線形 62
　　──問題 12
座　屈 193
　　──荷重 197
　　──方程式 195
座　標 16
　　──系 16
　　──変換 17
サブスペース法 134
三角マトリクス 129
残差ベクトル 183
残留ひずみ 63

軸対称問題 39, 80
自　重 212
システム方程式 30
下三角マトリクス 129
周期対称構造 89

集中荷重 95
集中質量マトリクス 178
従動力 109
主応力 206
縮退シェル要素 171
準静的問題 192
初期応力マトリクス 197
初期不整 198
シンプソンの公式 122

垂直応力 20
垂直ひずみ 21
数値実験 4
数値シミュレーション 4
数値積分法 119
スカラー 17
スーパーエレメント 235

正　解 24
整合質量マトリクス 178
静的解析の基礎式 179
静的部分剛性マトリクス 235
積層板 68
積分点 34, 120
接触問題 66
接線剛性マトリクス 183
繊維強化複合材料 59
漸近解基底 243
線形加速度法 182
線形関係 62
線形固有値問題 197
線形弾性 62
線形補間 115
前処理付き共役勾配法 131
全体剛性方程式 30
せん断応力 20
せん断ひずみ 21

層間はく離 73, 208
相当応力 207

た

台形公式 121

体積座標 118
体積力 101
多点拘束 86
ダブルノード 223
弾性安定 193
弾性座屈問題 198
弾性定数 23, 55, 59
弾性テンソル 18
単点拘束 85

チモシェンコのはり理論 57
チモシェンコはり要素 161
直交マトリクス 134

低減積分法 171
低減積分要素 173
停留き裂 245
ディレクティブ 240
デラウニ法 231

等価節点力 96
等方性 55
　──材料 59
特異要素 224

な

内力 19
　──ベクトル 19

二次補間 115
二重節点 223
ニュートン-コーツの公式 120
ニュートン-ラプソン法 137
ニューマーク β 法 181

熱応力 107
熱荷重 106, 214
熱伝導率 55
熱ひずみ 106
熱膨張係数 55, 106

ノックダウンファクター 198

は

破壊 63
はり理論 57
半離散化運動方程式 179
反力 246

非圧縮 56
非構造メッシュ 229
微小変形理論 12
ひずみ仮定法 171
ひずみ場 21
非線形弾性 63
非適合モード 174
非適合要素 173
非保存力 110
標準固有値問題 133
表面力 19, 101

不静定 78
物体力 19, 101
フリーメッシュ 230
分散メモリ型並列計算 240
分布荷重 96

平均加速度法 182
平面応力問題 39
平面ひずみ問題 39
並列計算 239
ベクトル 17
ヘビサイド関数 245
ヘルツの接触理論 67
ベルヌーイ-オイラーの仮説 57
ベルヌーイ-オイラーのはり理論 57
ベルヌーイ-オイラーはり要素 161
変位 21
　──場 21

補間 113
保存力 110
ポテンシャル 110
　──エネルギー 219

索 引

ま

曲げ剛性	73
マススケーリング	191, 192
マップドメッシュ	230
ミーゼス応力	207
ミーゼスの降伏条件	206
ミンドリン-ライスナーの板理論	169
無条件安定	182
メッシュ分割	229
面内剛性	73
面積座標	117
面積力	101
モデリングカーネル	50
モード剛性	187
モード質量	187
モード展開	188

や

ヤコビ法	134
有限変形理論	12
有限要素法	19
ユニット構造	89

ら

ラグランジュ補間多項式	114
力学的境界条件	24, 45
ルジャンドル-ガウス積分	123
レーリー減衰	188
連続体要素	141
ロッキング現象	167, 171, 173

〈著者略歴〉

青木隆平（あおき　たかひら）
東京大学 大学院工学系研究科 航空宇宙工学専攻　教授

長嶋利夫（ながしま　としお）
上智大学 理工学部 機能創造理工学科　教授

●イラスト：一撃堂 小柳/土屋

- 本書の内容に関する質問は，オーム社書籍編集局「（書名を明記）」係宛に，書状またはFAX（03-3293-2824），E-mail（shoseki@ohmsha.co.jp）にてお願いします．お受けできる質問は本書で紹介した内容に限らせていただきます．なお，電話での質問にはお答えできませんので，あらかじめご了承ください．
- 万一，落丁・乱丁の場合は，送料当社負担でお取替えいたします．当社販売課宛にお送りください．
- 本書の一部の複写複製を希望される場合は，本書扉裏を参照してください．

JCOPY ＜（社）出版者著作権管理機構 委託出版物＞

設計技術者が知っておくべき
有限要素法の基本スキル

平成 30 年 11 月 25 日　第 1 版第 1 刷発行

著　　者　青木隆平・長嶋利夫
発行者　村上和夫
発行所　株式会社オーム社
　　　　郵便番号　101-8460
　　　　東京都千代田区神田錦町 3-1
　　　　電話　03(3233)0641（代表）
　　　　URL　https://www.ohmsha.co.jp/

© 青木隆平・長嶋利夫 2018

組版　Green Cherry　印刷・製本　壮光舎印刷
ISBN978-4-274-22308-2　Printed in Japan

関連書籍のご案内

学ぶことの多い **機械学習** を
マンガでさっと学習でき、
何ができるかも理解できる!!

マンガでわかる 機械学習

荒木 雅弘／著　　渡 まかな／作画　　ウェルテ／制作

定価（本体2200円【税別】）・B5変判・216ページ

　本書は今後ますますの発展が予想される人工知能分野のひとつである機械学習について、機械学習の基礎知識から機械学習の中のひとつである深層学習の基礎知識をマンガで学ぶものです。
　市役所を舞台に展開し、**回帰**（イベントの実行）、**識別1**（検診）、**評価**（機械学習を学んだ結果の確認）、**識別2**（農産物のサイズ特定など）、**教師なし学習**（行政サービス）という流れで物語を楽しみながら、機械学習を一通り学ぶことができます。

主要目次			
	序章　機械学習を教えてください！	第3章　結果の評価	第6章　教師なし学習
	第1章　回帰ってどうやるの？	第4章　ディープラーニング	エピローグ
	第2章　識別ってどうやるの？	第5章　アンサンブル学習	参考文献

もっと詳しい情報をお届けできます。
◎書店に商品がない場合または直接ご注文の場合も右記宛にご連絡ください。

ホームページ https://www.ohmsha.co.jp/
TEL／FAX TEL.03-3233-0643 FAX.03-3233-3440

（定価は変更される場合があります）